哪有什么开挂的人生，只不过是

成功三律

荷花定律｜金蝉定律｜竹子定律

向 源·编著

黑龙江科学技术出版社
HEILONGJIANG SCIENCE AND TECHNOLOGY PRESS

图书在版编目（CIP）数据

成功三律：荷花定律、金蝉定律、竹子定律 / 向源
编著 . -- 哈尔滨：黑龙江科学技术出版社，2020.4
ISBN 978-7-5719-0341-1

Ⅰ . ①成… Ⅱ . ①向… Ⅲ . ①成功心理—通俗读物
Ⅳ . ① B848.4-49

中国版本图书馆 CIP 数据核字 (2019) 第 288916 号

成功三律 荷花定律 金蝉定律 竹子定律
CHENGGONG SAN LÜ HEHUA DINGLÜ JINCHAN DINGLÜ
ZHUZI DINGLÜ

编　　著	向　源	
责任编辑	马远洋	
封面设计	书虫文化	
出　　版	黑龙江科学技术出版社	
地　　址	哈尔滨市南岗区公安街 70-2 号	
邮　　编	150007	
电　　话	（0451）53642106	
传　　真	（0451）53642143	
网　　址	www.lkcbs.cn	
发　　行	全国新华书店	
印　　刷	阳信龙跃印务有限公司	
开　　本	880mm×1230mm　1/32	
印　　张	6	
字　　数	95 千字	
版　　次	2020 年 4 月第 1 版	
印　　次	2020 年 4 月第 1 次印刷	
书　　号	ISBN 978-7-5719-0341-1	
定　　价	32.00 元	

编者的话

人生路漫漫，最怕碌碌无为、一事无成。我们每个人都不是天生的弱者．也没有人甘心一生平庸，成功虽然说起来简单，但真正成功的人却寥寥可数，为什么其中没有你呢，你是否思考过？

成功虽然看起荬可望而不可即，但其实没有那么遥远。只要我们确定好方向，一步一步，踏歌前行，就没有到不了的远方。

不要期望成功会有捷径，也不要认为只要努力就能成功。成功不仅需要强大的信念，还需要矢志不渝的坚持，以及纵横捭阖的智慧。成功虽然没有捷径，但却有秘诀。

那么，成功的秘诀是什么呢？

是方法。

成功需要不懈的奋斗和努力，但有些人努力了也徒劳无功，为什么？因为他们的努力没有效果。想要左右逢源，想

成功三律 荷花定律 金蝉定律 竹子定律

要心想事成，想要功成名就，就要通过各种途径去重塑自身，包括说话、办事、心理建设等。

为人处世是一门精深的学问，一言一行都有其道理。说话是我们与人沟通的重要方式，不在于说什么，而在于怎么说。做事能力体现了一个人交际能力的强弱，想要事成，就要深谙交际之道，编织好人际关系网。做人不简单，弄懂做人之道可受益一生。会做人，才能立身；会做人，才能广交朋友；会做人，才能办好事。

另外，心理状态也深藏玄妙，一颗心如果充满了负能量，郁郁寡欢，还斤斤计较，容不下，看不开，想不通，那么我们的人生也不可能顺遂。积极的心态是成功的加油站，只有元气满满，才能一往无前；只有不畏失败，勇往直前，才能所向披靡。

本书不仅包含了为人处世的智慧、成功的方法，还涵盖了修心以及读懂他人的方法，这些秘诀一定能稳住你彷徨的心，指导你去努力与拼搏，提升你的人生高度，改写你的命运。

愿本书能对你的人生有所帮助，帮你认清人生的真相，看清事实，找到通往成功的光明大道。

目
录

CONTENTS

上篇 **荷花定律** | 厚积而薄发

中篇 **金蝉定律** 矢志不移，逆转困境

下篇 **竹子定律 I耐住性子，伺机而动**

荷花定律:

厚积而薄发

学，是为了征服无知

知识可以让你扼住命运的咽喉

知识可以改变个人的命运，在当今这个竞争日益激烈的时代，谁掌握了知识，谁就扼住了命运的咽喉；相反，谁的知识一穷二白，那他就只能受制于人。总之一句话，知识改变命运。

拿破仑曾说："真正的征服，唯一不使人遗憾的征服，就是对无知的征服。"可见知识的重要性。拿破仑在征服无知获得知识之后振兴了法兰西，用自身活生生的事迹诠释了他所说的名言。由此可见，只有掌握了知识才能征服无知，只有征服了无知才能主宰自我命运。

杨澜，1968 年出生于北京，1990 年毕业于北京外国语学院。上学时的每次考试，杨澜的基础分都没有丢过。中央电视台招考，参赛的有 1000 人，杨澜最终脱颖而出，成为《正大综艺》节目的主持人，一举夺得金话筒奖。之后，杨澜又到美国哥伦比亚大学留学深造，并取得硕士学位。正是因为读书刻苦，才造就了这样一个优秀的杨澜，杨澜也曾如此说："是知识改变了我一生的命运。"

人只有勤奋学习，才能不断获取知识。

古人云："书山有路勤为径，学海无涯苦作舟。"无止境地学习，是每一个智者必须做的。

人要有活到老、学到老的学习态度，学习是不能止步的，更不能有倦怠之心。人活一世，难免要经受各种磨难和考验，这其中也有许多值得我们学习的经验和教训，无论是好的经验还是坏的教训，都有益于我们的成长。

从古至今，有成就的人哪一个不是从勇于学习，敢于走出困境，不断钻研中受益的呢？

在生活中，我们要善于去发现别人的长处和优点，向他们学习，子曰："三人行，必有我师焉。"如果一天到晚总是在挑别人的毛病，而不去看别人的优点，就很难说有什么可学的了。想要有所进步，就要有学习的态度，这点对于个人成长和事业来说都是非常重要的。

先来看一下李嘉诚是怎样通过"偷艺"学习的。

1957 年春，李嘉诚秉持着学习的心态，去了意大利。

他在一间小旅社安下身，就迫不及待地去寻访那家在世界上开风气之先的塑胶公司，找寻了两天，李嘉诚才终于到了塑胶公司的门口，但他没有贸然进入。

他素知厂家对新产品技术的保守与戒备，也许应该名正言顺地去购买技术专利，然而，一来，长江厂小本经营，专利费是绝对支付不起的；二来，厂家出卖专利的可能性也不大，一般来说，厂家要在充分占领市场，赚得盘满钵满，直到准备淘汰这项技术时方肯出手。

李嘉诚思来想去，最后想到了一个好办法：进塑胶公司亲自学习。

这家公司的塑胶厂招聘工人，他去报了名，被派往车间做打杂。李嘉诚只有旅游签证，按规定，持有旅游签证的人不能打工，所以老板给李嘉诚的工薪连其他工人的一半都不到，他知道这位"亚裔劳工"非法打工，不敢控告自己。

李嘉诚的主要工作是清除废品废料，所以他可以在厂区各个工段自由走动，李嘉诚利用这个机会，将生产流程默记于心。收工后，他急忙赶回旅店，把观察到的一切都记录在笔记本上。

虽然生产流程李嘉诚已经搞明白了，但对属于机密的技术环节依旧一无所知。假日，李嘉诚邀请数位新结识的朋友到城里的中国餐馆吃饭，这些朋友都是某一工序的技术工人。李嘉诚虚心地向他们请教技术问题，说自己是为了到其他厂家应聘技术工人。就这样，通过听和看，李嘉诚大致悟出了塑胶花制作和配色的技术要领。

后来，李嘉诚回国，慢慢建立起了自己的事业大厦。

你有尊敬的或刺激你成长、让你佩服的人吗？如果有，下次遇到困难或犹豫不决时，你可以想一想这些人，猜想他们会怎么做。你可以不按照他们的想法去做，但至少参考一下。

当你更清晰、子细地分析这些令你尊敬的人时，你就会发现他们做事的优点，由此找到解决困难的方法。假如你并没有十分钦佩的人，那你最好现在去找一找，事实上你是能找到的。

各行各业都有模仿的对象，没有苏格拉底就没有柏拉图；俄国的冰上曲棍球队效仿加拿大队；马蒂斯的笔法取自高更的绘画技巧。

无论如何，你都要为自己找一个学习的榜样，虚心受教，不要认为自己什么都懂、什么都会。永远不要断言你已经找到了最好的老师，或是自以为出类拔萃。换句话说，要不断地寻求变得更好的方式。

在生活上，我们要向优秀的人学习；在事业上，我们要向优秀的企业学习。除此之外，我们还要不时地向书本学习。读书是人们学习知识和获取精神生活养料的好途径。

莎士比亚曾这样描述书籍。他说："书籍是全世界的营养品，生活里没有书籍就好像没有阳光，智慧里没有书籍就好像鸟儿没有翅膀。"正因为有了书籍，我们才能认识大千世界，才能不断进步。

当然，阅读乐趣产生于渐入佳境的阅读过程，书里没有引人入胜的故事，没有惩恶扬善的主旨，是不可能成为人们的精神食粮的，更不可能带给人们任何乐趣。一本能产生阅读乐趣的书籍，必须是能引起人们心灵共振之作。它能激起我们对自身经历的有趣回味，使我们进入作家描写的世界，与故事同喜同悲，实现真正意义上的感同身受；它能为我们打开另一个世界的窗口，让我们见识到我们从未经历的生活，跨越时空与书籍，产生新的向往，去为自己的理想奋斗不息。

关于书籍，美国作家阿西莫夫说："无法想象，有什么东西能像图书那样，人需要多少，它就赐给你多少；更想象不出，有什么东西能象图书那样，不多不少地把整个宇宙献给你。"

一个人的经历总是有限的，想要去见识更广阔的世界，就需要书籍。书籍是人生百味的结晶，每一本耗尽他人心血的书，都会在你阅读的过程中给予你营养。

只有学习才能不被社会淘汰

社会在不断发展，现代化的科技也在日新月异地发生着变化。

我们要想适应瞬息万变的高科技时代，就要不断地学习，用新的知识充实自己。

许多人认为，学习只是青少年时代的事情，只有学校才是学习的场所，自己已经是成年人了，并且早已走向社会，因而没有必要再进行学习。

这种说法乍一看似乎有道理，其实是不对的。在学校里自然要学习，难道走出校门就不必再学了吗？学校里学的那些东西，真的已经够用了吗？

可以说，如果我们不继续学习，就无法取得生活和工作需要的知识，无法使自己适应急速变化的时代，我们不仅不能搞好本职工作，反而有被时代淘汰的危险。

有些人走出学校后，往往不再重视学习，似乎头脑里面装的东西已经够多了，再学就会饱和。殊不知，学校里学到的只是一些基础知识，离实际需要还差得很远。

特别是在科学技术飞速发展的今天，我们只有以更大的热情学习、学习、再学习，才能使自己丰富和优秀起来，才能不断地提高自己的整体素质，才能更好地投身到工作和事业中。

有一个钢铁公司工人，他只上到了小学四年级，当公司引进了一台计算机时，他才猛然醒悟过来，如果再这么迷糊下去，连工人也当不成了。从此他像变了个人似的，在业余学校考试前，他天天只睡两三个小时，当然平均每天还得掉几两肉。在以后的几年里，他又学文科，又学理科，公司里所有的考试他都参加，他深知只有学习才能不被社会淘汰。

技术供应处50多岁的老处长也自愿报名了计算机学习班，他说："我是被迫来学的。"这个被迫当然是大势所迫。他管辖的供应处下设11个供应站、近百个仓库，每天需要处理近万张单据，再不学计算机行吗？老处长最苦恼的是，年纪大，脑子笨，上课听不懂，也不敢提问，要是别人都听懂了，自己一个劲儿地问，岂不是耽搁了大家的学习时间吗？所以只有下课多问、多学，再累也不能落下课程，否则就要被时代淘汰了。

在经济特区，人们对时代紧迫的感受更加强烈。

在深圳开辟为经济特区之后，由于发展建设迅速，劳动力不足，从农村招了大批青年工人进厂，离深圳市区14公里的沙河工业区仅3年就办起了20多个电子企业。那些农村青年从拿锄头到拿电烙铁焊收录机零件。他们生产的多是出口产品，再加上国外机型变化快，所以这里不可能长时间做一种机型。有些青年感受到了知识的匮乏，下班后便骑车到14公里外的深圳电子大学去上课，电子厂阅览室每晚都坐满了来学习的青年员工。还有的工人干脆要求停薪3个月，去广州科技培训中心学习。

由于学校少，学员多，每逢报名，学生们6点钟就守在门外了。有的单位很重视学习，干脆由工会主席带着各种证件去办理集体报名手续。可名额实在有限，一些业余学校也无能为力。

"老师，让我报名吧，我的英语实在应付不了我的工作啊！"

"老师，我做梦都想成为一名合格的电工，给我一个学习的机会吧！"

假如你是老师，你怎么硬得下心肠把这一群求知欲这么旺盛的青年拒之门外呢？没有那么多座位，有人宁愿带上凳子，甚至站在门口听课。于是，班次一增再增，教室一挤再挤，多满足一个人的要求便减轻他们内心的一分歉疚。

从这些事例中可以看出，当代人是如此重视人生，珍惜时间，同时也为后代人树立了榜样，这就是国家兴旺、民族兴旺的气象。有这样的好学精神与竞争意识，何愁不能给自己的命运定位？所以我们应该认识到保守者是等待命运，后退者是幻想命运、抛弃命运，进取者是在逆境中成长、改造命运。

其实，人生有很多个层次，要想达到最高层次的人生境界，就必须用一生的时间去学习、去努力。

人，只要不安于现状，不停止于现状，不哀叹于现状，去奋斗、去进取，必然会有所成就。

人的一生就是学习的一生。

学会学习，你的一生就会有收获。

学会学习，你的一生才有意义。

无论古今，都有好学者

"书山有路勤为径，学海无涯苦作舟。"稍微浏览一下历史，我们就会发现，不论是善于治国的政治家，还是胸怀韬略的军事家；不论是思维敏捷的思想家，还是智慧超群的科学家，他们之所以在事业上取得不同凡响的成就，都与他们的勤奋好学是分不开的。

卫国大夫孔圉不仅聪慧好学，而且为人十分谦虚。孔圉去世后，卫国国君为了发扬他的好学精神，勉励后人学习，因此特别赐给他一个"文公"的称号。后人就尊称他为孔文子。孔子有一个学生也是卫国人，名为子贡，他觉得给予孔圉的评价过高了。

有一次，他问孔子说："孔圉的学问及才华虽然很高，但是比他杰出的人有很多，凭什么赐给孔圉'文公'的称号？"孔子听后笑笑说："孔圉十分好学，脑筋又聪慧灵活，而且如果有任何不懂的事情，就算对方地位或学问不如他，他都会大方而谦虚地请教，一点儿都不觉得羞耻，这就是他的可贵之处，因此赐给他'文公'的称号并非不恰当。"经过孔子这样的解释，子贡终于服气了。

晋平公是春秋末期晋国的国君。一天，他对乐师师旷说："我如今已经 70 多岁了，想要学些知识，恐怕太晚了吧？"

师旷回答："晚了，为什么不把蜡烛点上呢？"晋平公一时没听懂，生气地说："哪有为臣的这样戏弄君王的！"师旷说："我怎么敢跟您开玩笑！我记得古人说过，少年时好学，就像日出时的阳光；壮年时好学，就像太阳升到正午天空时的光亮；老年还能好学，就像点燃蜡烛发出的亮光。蜡烛的亮光虽然微弱，但同没有烛光在昏暗中愚昧地行动相比较，哪个更好呢？"晋平公听后，点点头说："你说得很好！我懂了。"

范缜是南北朝的思想家，少时失去了父亲，跟着母亲过着穷苦的生活。他自幼聪明过人，小小年纪就知道主动学习。18 岁时，他已经是闻名乡里的"才子"了。

有一年，范缜对母亲说："我想外出求学，去见见世面。听说沛郡相县的刘先生，人品和学问都甚好，我想跟他去读书，可以吗？"母亲答应了。

范缜流着眼泪拜别了母亲，穿着布衣草鞋，徒步走了30多天，行程1000多里，来到刘先生家。

当时，刘先生已经有了几十名学生，他们基本上都是达官贵人的子弟，穿着华丽的服饰，坐着漂亮的马车，还有书童陪伴，并有用人伺候。

范缜穿着破旧的、带补丁的衣服，脚上穿着一双草鞋，每日都吃粗茶淡饭，因此，学生们就经常在一块儿叽叽喳喳地说："瞧他那个乡巴佬样儿，从那么远的地方来，连车也没有，穷光蛋。"

范缜对他们的讥笑并不在意，他知道，学得好，远比吃得好、穿得好更重要。学习了一段时间后，刘先生就喜欢上了这个学生。

有一次，一位好友问刘先生："你认为你的学生中哪个将来最有出息？""范缜！"刘先生毫不犹豫地答道，"他吃得俭省，穿得寒碜，可将来最有出息的也是他。"事实也确实如此。

　　王亚南是我国著名的经济学家，他从小就喜欢读书。升入中学后，为了利用晚间的时间读书，他把床的一条腿锯去一截，夜间每当睡梦中翻身，床就向短腿的方向倾斜或摇动，他被惊醒后就会起来读书。1933 年，他搭乘海轮前往欧洲，途中遭遇了风浪，船身剧烈摇晃,. 人都站不住脚。这时王亚南正捧着一本书在读。

　　他喊来船员，让他用绳子把自己绑在一根柱子上。船员还以为他是担心自己会摔倒，于是按照他的意思做了，但又觉得这种要求很可笑，离开时不禁好奇地回头一看，却被这种景象惊呆了：已经被绳子固定的王亚南正捧着一本书，聚精会神地读着。

　　同船的外国人也投来惊异的目光，并赞叹道："啊！中国青年真了不起。"正因为勤奋好学，王亚南才最终成了一名知识渊博的学者，他翻译并出版的著作有 41 部，发表的学术论文有 300 多篇。

　　侯宝林被誉为相声界一代宗师，其实他只上过 3 年小学，但他勤奋好学，由此艺术水平达到了炉火纯青的地步，成为著名的语言学专家。

　　他跑遍北京城所有的旧书摊，只为找一本明代笑话书

《谑浪》，但走了很多地方也没找到，最后还是在北京图书馆找到的。当时，此书不外借，于是他就顶着严寒，冒着风雪，一连18天都跑到图书馆去抄书。一部十几万字的书，硬是被他抄录到手。

由此可见，无论古今，都有好学者。只有学习才能丰富我们的学识，才能成就我们的人生。

所谓天才，都是勤学之功

对于好学的益处，《论语》中有这样一句著名的评价："以其好学之心，假之以年，则不日而化矣。"其意思就是说，倘若人能够有一颗好学之心，那么几年以后，这个人不可同日而语，必将取得大的成就。

"性相近，习相远。"人生下来是没有什么区别的，而恰恰是后天的学习让他们各有所长，从而走上了不同的岗位，走上了不同的领域。学习之重，是孔圣人一直所强调的。学习是一个人由无知走上智慧的唯一之路，要想成就大事业，必须具备相关的知识，否则就是白日做梦。那么知识从何而来呢？孔子说："学而时习之，不亦说乎？""十室之邑，必有

成功三律 荷花定律 金蝉定律 竹子定律

忠信如丘者焉，不如丘之好学也。"可见，学习的重要性远远大于天资等先天条件，勤能补拙，倘若能够早点儿认识到学习的重要性，那么你就比别人早到终点一步。

好学首先表现为勤奋，懒惰的人天天口头上吵着要学习，但是却懒于付诸行动，收获不到丝毫成果。勤奋的学习理念、端正的学习态度，是好学之心不可缺少的两大元素。

勤奋的人才有可能成功。当有人问鲁迅先生为什么能在文学上取得如此大的成就时，鲁迅先生说："我没有什么天分，我不过是把别人喝咖啡的时间用来读书、写书罢了。"这就是成功的秘籍。为什么芸芸众生中的绝大多数都一生平庸？因为当他们懒于去做某件事情时，就找各种理由来安慰自己，把自己的好学之心扼杀在摇篮中：今天周末，怎么能学习呢？这么好的天气应该去公园打牌；算了，今天太累了，看书的计划取消吧，改日再看；这书有什么好看的，看了以后也会忘，不如不看，出去玩会儿……长此以往，你便失去了学习的兴趣，好学对于你而言就成了神话。

在一般人看来，秀彬算不上命运的宠儿，他出生在一个贫困的家庭，也不是天资聪明的人，连初中都没有读完就回家帮助父母料理家务。然而，秀彬的好学是有目共睹的，他从小就是一个勤奋好学的孩子。由于对物理和化学有特殊的偏爱，他总是利用一些闲暇的时间来自学那些方面的知识。那时候为了养家，他在外出打工的日子里，依然选择到报酬不高，但是却可以学习和做实验的药店工作。空闲的时间里，他没有像别人一样休息，反而利用药店里的各种"器材"来做实验，潜心研究。那些器材不过是药店里边的废旧平底锅、烧水壶和各种各样的瓶子。艰苦的工作并没有妨碍他的学习，在短短几年的时间里，他通过自学把初中、高中乃至大学的物理、化学教材都学习得滚瓜烂熟。多年的努力是不会没有回报的，他的好学终究带给了他回馈：他成功地研制出 3 项国际领先的新成果。后来，他以在电化学方面的杰出贡献以及出色的领导才能担任韩国无机化学学会的会长。

　　无论对于个人还是集体，学习都是不可缺少的一个环节。没有好学之心，个人不能进步；没有好学的氛围，集体的发展也停滞不前。建立学习型企业，培养学习型人才已经是当代社会的要求。20 世纪 70 年代名列《财富》杂志世界 500 强排行榜的大企业，有三分之一已经销声匿迹了，这些被淘汰的企业和企业领导者面临的困境或许大不相同，然而他们大都有一项失误，那就是忽略了学习的重要性。

重庆力帆集团董事长尹明善曾表明，学习是每个人不可缺少的素质和心态，不想学习的人无法存在于我们的企业中，同样无法生存于我们这个社会中。为了营造出良好的学习氛围，使企业成员都怀有一颗好学之心，他进行一番改革，设立奖罚机制，督促学习。比如集团在优秀员工中选出 800 人参加考试，这 800 名优秀员工同时开考，由总公司命题，请内部专家评卷，前 20 名由总裁面试后，录取 8 名。第一名每月工资涨 5000 元；第二名涨 3000 元；第三名涨 2000 元。其余 5 人，每人每月涨 1000 元。他认为，学习的过程是重要的，每天能够学一点儿东西、前进一段距离，那未来的收获是可观的。

即使是一个天才，倘若不学无术、不求进取，恐怕也难成正果。天才都是从勤奋中走来的，好学的心不过是把他天才的一面展示出来。所以说，不管你本质如何，是天资聪敏还是笨拙，你都需要有好学的心态。好学的心能把矿石锻造成金子，能把任何一个人都培养成一个天才。

学习的能力是最重要的

学历不重要，学习的能力才重要。只要有很好的学习能力，就能够获得各种需要的能力。只有善于学习的人，才能具备高能力，才能够赢得未来。"大众化时代的大学生不能再自诩为社会的精英，要怀着一个普通劳动者的心态和定位去参与就业选择和就业竞争。"

文凭和经历只能代表过去，在以后的工作中，只有勇于负责，每天都有所改变、有所进步的人，才能够成为一个卓越的人，并抓住机遇，顺势而上。

华为在招聘员工时，因为刚开始无法了解招聘对象，所以很看重文凭。但招聘结束后，在新员工进入企业第一天的大会上，就会告诉大家，文凭只代表你的过去，进入企业后，文凭就失效了，大家都站在同一条起跑线上，关键是看你后面的学习能力、成长能力。正如微软公司全球副总裁李开复说过的："如果我们将学过的知识忘得一干二净，最后剩下来的东西就是教育的本质了。"所谓"剩下来的东西"，是指自学的能力，也就是举一反三或无师自通的能力。

当今时代，世界在飞速变化，新情况、新问题层出不穷，知识更新的速度更是大大加快。人们要适应不断发展变化的客观世界，就必须把学习从单纯的求知变为一种生活的方式，努力做到终生学习。终生学习，是我们不断完善和发展自我的必经之路。只有持续学习，才能不断地获得新的知识，增长才干，跟上时代的步伐。即使你具有丰富的知识，也还是要不断地充实自己。即使你学生时代并不显眼，但步入社会后仍然勤勉、踏实地自觉学习，往往都会有进步。能一直保持这种态度的人是只有进步没有停顿的。工作每天都有新情况、新挑战，每天都要面对新事物，学习与生活相伴，生活就是学习。

有位记者曾问亚洲首富李嘉诚："李先生，您成功靠的是什么？"李嘉诚毫不犹豫地回答："靠学习，不断地学习。"

李嘉诚勤于自学，在任何情况下都不忘记读书。早年打工时，他坚持"抢学"，创业期间坚持"抢学"，经营自己的"商业王国"期间，仍孜孜不倦地学习。李嘉诚一天工作十多个小时，仍然坚持学英语。早在创办塑料厂时就专门聘请一位私人教师每天早晨 7 点 30 分上课，上完课再去上班，天天如此。当年，懂英文的华人在香港社会是"稀有动物"。懂得英文，使李嘉诚可以直接飞往英美等国，参加各种展销会，谈生意可直接与外籍投资顾问、银行的高层打交道。如今，李嘉诚已年逾古稀，仍爱书如命，坚持不断地学习。

李嘉诚说："在知识经济的时代里，如果你有资金，但缺乏知识而没有最新的信息，无论何种行业，你越拼搏，失败的可能性越大；但是你有知识而没有资金的话，小小的付出就能够有所回报，并且很有可能达到成功。现在跟数十年前相比，知识和资金在通往成功的道路上所起的作用完全不同。"

要是没有终生学习的心态，没有不断追寻各个领域的新知识以及不断开发自己的创造力，终将丧失自己的生存能力。因为，现在的职场对于缺乏学习意愿的人很残酷。一旦拒绝学习，就会迅速贬值，即所谓"不进则退"，转眼之间就被抛在后面，被时代淘汰。

你今天学到些什么

费利斯的父亲是一个贫穷的农民，他上完五年级后就退学进了工厂。

从此，世界便成了他的学校。他对什么都感兴趣，他阅读一切能够得到的书籍、杂志和报纸。他喜欢听乡亲们聊天，想要通过他们深听村外的大千世界。他对世界充满了好奇，这份好奇不但随同他远渡重洋来到美国，后来还传给了他的家人。他决心要让他的每一个孩子都受到良好的教育。

在费利斯的父亲看来，如果晚上入睡前还同早上醒来时一样无知，那是最不可饶恕的。他常说："该学的东西太多了，虽然我们出世时愚昧无知，但只有蠢人才永远如此。"

他不想让自己的孩子自傲自满，所以规定他们每天都要学一样新知识，而晚上用餐时，他们正好可以用来交换新知识。

他们每人有一项"新知"之后，便可以去吃饭了。

坐定后，费利斯的父亲会选中一个人提问。"费利斯，告诉我你今天学到些什么？"

"我今天知道了尼泊尔的人口数量……"

餐桌上顿时鸦雀无声。

费利斯一直感到奇怪，因为不管他说了什么，父亲都不会觉得此事过小，不值一提。

"尼泊尔的人口数量？嗯，好。"

父亲看向母亲。

"亲爱的，这个答案你知道吗？"

母亲的回答往往能化解严肃的气氛。"尼泊尔？"她说，"我不仅不知道尼泊尔有多少人口，我连它在世界上什么地方都不知道呢！"当然，这个回答正中父亲下怀。

"费利斯，"父亲接着说，"去拿地图吧，让你妈妈看看尼泊尔到底在哪。"就这样，一家人开始在地图上找尼泊尔。

　　费利斯那时还是个孩子，并不懂得这种教育的妙处。他想的只是快点儿到屋外去，找小朋友们玩游戏。

　　如今回想起来，他才明白父亲给他的是一种多么生动有力的教育。在不知不觉中，他们全家人一起学习、一起进步。

　　费利斯进入大学后不久，便决定以教学为终身事业。在求学时期，他曾追随几位全国最著名的教育家学习。经过大学的学习，费利斯已经具备了充足的理论知识与技能知识，然而他发现了一件有趣的事，即那些教授教导他的，正是父亲早就知道的东西——不断学习的价值。生命有限，而学海无涯。我们懂得多少知识，一定程度上也决定着我们将成为怎样的人。每天努力多学点儿新的东西，这一天才称得上没有白费。只要我们每天都有进步，那么，总有一天我们会变得非常优秀，令人敬仰。

储备，是为了无可取代

家财万贯不如薄技在身

现代社会择业竞争如此激烈，我们要想生存，就要树立起终身学习的信念，争取一专多能，多元化发展，如此才能适应这个社会的发展趋势。

有一位老师，在单位兼任会计，她的教学业务能力和会计业务能力都是说得过去的，工作以后，一直未放得下学习，并已参加了注册会计师考试，这几年她也发表过许多"豆腐块"。后来，她所在的学校招生形势很差，学校关了门，只发生活费，按理说找工作不成问题，而且她在择业上本来就无贵贱观，可真找工作时，又被性别原因、年龄原因等限制了，加上现在又怀孕了，于是她索性拿起笔来在家做个清贫的自由撰稿人，从而也为自己闯出了一条路来。

"家财万贯不如薄技在身"，这是一句老话。随着市场经济的发展，产业结构的调整和经济体制改革的深化，传统的"从一而终"的就业观念正受到越来越大的挑战。企业兼并、破产和减员增效带来的下岗、待岗，使得富余人员大量增加，为"第二次就业做准备"已成为一些人的共识。一个人要想在社会上生存，其技术和技能是赖以生存的重要条件，也是个人谋生的手段。参加工作一二十年，一个不注重随时给自己充电的人，到了企业竞争上岗、择优录取的时候，你原有的知识量早已经严重"透支"，经不起市场的风起云涌。怎样才能让"谋生手段"这张存折上的数字越来越大呢？"终身学习，随时充电"才是"万变不离其宗"的法门。仅仅守着"干一行、爱一行"的观念是不够的，只有"精一行、会两行、懂三行"的复合型人才，才是市场上的"抢手货"。

传统意义上的"七十二行"，在这个知识爆炸的时代已经明显不够用了，全世界每年都有多种工作岗位在不知不觉中消失，同时，又有上千种新兴的岗位悄然出现。目前，国家推行的劳动用工资格认证制度，正是为人们提供了正确规范就业的管理。求职者除了各项应有学历以外，还必须经过培

成功三律 荷花定律 金蝉定律 竹子定律

训、考核并取得职业资格证书，才能获得新职业。

如今，文明素质和职业技能已经成为影响你收入高低和生活质量的最主要因素。当企业经营出现困难时，高素质、多技能的员工轻易跳槽，享受高薪；而只有单一技能的员工的就业率就低得多。许多人早已开始针对市场需要什么就学什么，知识结构里缺什么就补什么。只有浑身"修炼"得"十八般武艺"，任何变化你才能泰然处之。"艺多不压身"，正如一句广告语所说："有实力才有魅力。"处于社会竞争中的我们，要认清个人所处的位置，认识到培养各种技能的重要性，这既是社会经济发展的需要，也是每个人自身生存发展的需要。

有一个人下岗了，年龄已过 30 岁，她花两年时间苦读韩语，因为有些基础，她领到了国家承认的专业文凭，并被一家中韩合资企业聘去当翻译。因尝过下岗的苦头，重新工作的她，工作很卖力气，月薪也比在以前的单位时高出好几倍。工作中，常有些日本客户来谈项目，日语她懂几句，但很不成样，她又暗下决心研读日语，陪客户时向客户学习，工作之余用录音机学习，节假日去外语学院学习，家里的事全托付给了她丈夫。又经过 3 年的努力，她的日语水平已达到六级。后来，她又跳槽到大连市一家中日合资企业，收入颇丰。

过去有句话叫作"空面袋子在哪儿也立不起来"。意思是说人没有点儿技能是不行的。现在还有一句话："一个人总得有两下子，一下子是不行了。"为什么不行了呢？就是因为社会发展了，科技进步了。再则，这个"一技""多技"怎么比，和谁比。如果范围很小，限于家里、班级里、小企业里是不行的，那也不叫一技。所谓的"一技"或是"多技"必须是国家认可的、社会认可的，有相当的范围，这种技能才有作为。

总之，我们只有更努力、更出色、更独立，才能在这个社会站住脚。

一个人如果掌握了多方面的才能，就可以适应任何情况，不管社会怎么变化，都会找到自己的生存之路。这样做，一是为了谋生，适应这个社会，二是为了充实自己。

经验和学识，任何人都抢不去

卡耐基指出，一个人经验的多少，直接影响到他做事的判断力和影响力。学识是一个人积累和发展的原动力，良好的学识基础能开阔一个人的眼界，提高人的品位和层次，增加胆识。经验与学识对于成功来说，都是必要的因素。

经验对人们来说，是十分重要的。一个人的进步、一个企业的发展、一个国家的强盛，都离不开从实践中获得的成功经验做指导。

任何人只要做一点儿有用的事，总会有一点儿报酬，这种报酬是经验，这是最有价值的东西，也是人家抢不去的东西。成功者与失败者之间的区别，常在于成功者能由经验中获得益处，并以不同的方式去尝试。

一个人，做一件事能否做得好，能否成功，其中的原因有很多。包括有个人的智商、对事情的专注等，当然更重要的就是对事情的熟练程度，其实也就是经验。

如果两个人一起做一件事，一个是这件事做了 10 年而比较愚钝的人，另一个则是在这个领域毫无经验的极为聪明的人，毫无疑问，前者肯定优胜。

其实每个人是否聪明，并不在于那个人第一次做一件事是否做得好，而是看他经过第一次之后得到了什么，改变的是什么。

总之，人一定会跌倒，必须总结为什么会跌倒，才能避免下次犯同样的错误。经验是每个人做完一件事之后都会得到的东西，关键是如何去利用得到的经验来获得更好的结果。

从前，在一个城市里有两个市民发生了争端：一个是贫穷的人，很有学问；一个是富有的人，很无知。那个富有的人想胜过他的对手，认为凡是明智的人都应该尊敬他。富有的市民时常对那位有学问的市民说："你自以为了不起，可你告诉我，你是不是按时宴请宾客？你孜孜不倦地研读，对你的同辈有什么用处？你们永远住在三层楼的屋顶下，6月天穿的衣服同12月穿的一样，走在路上只有自己的影子相随，国家根本不需要没有钱的人。我认为只有生活豪华，施人以许多恩惠的那种人，才是国家需要的人。上帝知道我们是多么阔气啊！我们的资产养活了技工、商人、做裙子的人，还有穿裙子的人，以及你们，因为你们将不值一读的书献给了出版社而得到了厚酬。"

这些狂妄无礼的话得到了应有的报应。那位学者没说话，他要说的话太多了。战争替他报的仇，远比一篇讽刺文章来得痛快。战争把这两位市民居住的地方毁灭了，他们最后离开了城市。愚昧无知的市民流离失所，到处受到鄙视，另一位则到处受到优厚的款待。这便解决了他们的争端。

储备是成功所必需

对每个人来说，成为一个成功的人、一个优秀的人，想必人人都愿为之，可是，由于眼前利益的诱惑，有些人由于不能坚守而失去了耐心。储备是成功所必需的，在人生中，你所储备的东西越充足丰富，那么成功的可能性就越大，也才能向更辽阔的远方走去。通向成功的道路常常是漫长而又遥远的。因此，我们只有具备充足的毅力和耐心，将准备工作做充分，才能到达理想的彼岸。

何芸在大学毕业后，被分配到一个十分偏僻的林区小镇上当教师，薪酬自然是很少的。何芸有许多长处，教学基本功相当好，同时还非常擅长写作。由于这些原因，何芸怨愤命运对她实在太不公平了，同时又对那些拥有一份不错的工作、拿一份丰厚工资的朋友十分艳羡。

学校有一次举办运动会，这是一件大事，因为在这个小镇上文化活动极其稀有，所以到学校的观众非常多。本来就不大的操场四周围满了人，不多时就形成了一道密不透风的环形人墙。恰巧何芸来迟了一步，不得不站在人墙后面，前面的人墙挡住了她的视线，即使踮起脚里面热闹的情景也看不到。正在这时，她旁边有一个很矮的小男孩引起了她的注意。只见他一趟又一趟地将不远处的砖头搬到那厚厚的人墙后面，认真而又耐心地垒着一个台子，一层又一层，这台子有半米多的高度。当他将台子垒好后，爬上去时，露出了洁白的牙齿，冲何芸粲然一笑，那浑身洋溢着的成功的喜悦和自豪，是那样清晰可见。就在这一瞬间，何芸的心震颤了一下——何其简单、容易的事情啊：要想不被密密的人墙挡住视线而能够看到精彩的比赛，只需要让自己的高度再增加些——在脚下多垫些砖头。

从那天开始，何芸就转变了自己对工作的态度，她对这一职业充满了热忱和激情，静下心来，踏踏实实，非常专注。在很短的时间内，她便在教学上有了突破，成了闻名遐迩的教学能手，编辑的各类教材连续被通过并出版，获得了令人羡慕的荣誉，取得了可喜可贺的成绩。

像何芸这样的人可能有很多，总觉得自己有非常多的优点，有强于他人的能力，且命运偏偏不青睐，时常觉得自己被大材小用或者怀才不遇。也可能和何芸一样，曾经犯过类似的错误，不能让自己的心态平和下来，缺乏耐心，没有实干精神，还时常抱怨、牢骚满腹。知道了这些以后，可能就会对何芸的转变有深刻的感触和体会，最后会选择踏踏实实地行事。我们当中大多数人都对"质"相当注重，往往会忽视了"量"的存在，有些人可能就是因为这样所以才没有取得成功。

大文豪苏东坡说得好："博观而约取，厚积而薄发。""厚积薄发"的含义正是要你储备自己的能量，将自己的前进方向认真、细心地思考清楚，确定好属于自己的目标。只有把成功的要素全部储备充足，踏踏实实地完成从量变到质变的过程，成功才会离你越来越近。

只有积累才能爆发

如果你的箭射得一次比一次远，设定的目标一次比一次更远的话，那么你肯定是一个优秀的弓箭手。

其实做事就如同射弓箭，如果你想把自己的箭射得更远，那么，你就必须使出一定程度的力度将弓张满。知识的积累就好比弓渐渐张开，把箭射出就好比你的爆发力。你不停地张弓射箭就好比人生积累和爆发的过程，这是因为你想把你的箭射得更高、更远。

　　不管我们的目标是什么，第一次成功的机会基本为零。有经验的人第一回通常只是在测试自己的能力，接下来才瞄准自己的目标。人生的事业也并非是一次就能成功的，运动员在经历了长时间艰苦的训练以后才取得了令人称赞的成绩，音乐家经过长时间艰苦的训练才演奏出了华美的音乐。人生的追求是永无止境的，在你是个刚刚毕业的学生时，你就会想：我什么时候能拥有自己的房子啊？但你有了自己的房子后，你又想：如果自己有一辆车就好了。你有了车子后你就想拥有自己的公司，有了自己的公司就又想出国定居……人生的追求是无止境的，没有人能够不劳而获，而且人生是一个不断地使自己成长，并不断地展示自我价值的过程，这个过程需要我们不为困难屈服，并不断地设立新的目标，需要我们不断地积累和爆发，积累——爆发——再积累——再爆发，这就是人们想要成功时拼搏和奋斗的过程。

　　爆发一次就销声匿迹的人生是不成功的，平庸的人只知道不停地努力而不去积累，更谈不上所谓的爆发了。

　　很多人的第一次成功大多数都是凭借年轻时的闯劲实现的，而在以后充满挫折的道路上就彻底崩溃，没能取得最后的胜利。还有一部分人，他们不管第一次能否成功，都能从中总结出经验和教训，为实现第二次的成功而冲锋。

最成功的人生案例应该是这样的：青年时期取得小的成绩；中年时期总结出其中的经验和教训，实现第二次成功；到了老年以后，把以前的成绩看作一个新的开始，实现更大的成功。人生就是应该在不断积累和爆发之间进行的，把这个过程一直延续到生命的最后才是辉煌的人生。而大多数人在青少年时取得成绩后，在以后就默默无闻了。为什么有的文学爱好者一直在进步却总是没有发表文章？为什么有些人一直在发表文章却引不起轰动？为什么有许多作家犹如昙花一现？为什么有的学者一直在研究却没有成果？为什么有的学者取得成绩后就不思进取？

这其中的关键在于那些人取得小的成绩后，有没有把心态放好，有没有想取得更大的成绩。一般来说，人生的辉煌需要有高的起点和远大的目标，还要不断地积累经验，选择适当的机会实现自己的人生价值，最终铸就辉煌的人生。

想要永不落伍，就要自我充电

过去总是把人才比作千里马，但现在更多的人愿当"锂电板"。因为后者可以不断充电，发挥作用，而千里马并不能总跟上时代的步伐。在这个多变的时代，考证、在线学习，是"锂电板"们永不落伍的武器。

过去一个人只要学会一技之长就可以终生享用，现在就不行了。今天还在应用的某项技术，明天可能就过时了。知识、技术更新换代的速度让人目不暇接，要使自己能跟得上时代发展的步伐，就要不断地学习。其实，中国古代哲人荀子早就说过："学不可以已。"人如果停止学习，就会退步。

为了保住自己手中的金饭碗，为了在现有的职位上更上一层楼，我们不仅在工作上要兢兢业业、殚精竭虑，而且要抓紧一切时间进行自我充电，以增加自己前进的能量和动力。

现代社会瞬息万变、竞争激烈，单一的知识结构已经不再受青睐，社会需要复合型人才。这个时候，你可能需要补充一种或两种以上的知识，充了电你才能去赛跑。因此，有很多人并不是因为想要一个文凭才去充电的。他们需要的是一些切实可行的技能。所以，他们参加了各种各样的电脑、英语、会计培训班。自然，再拿一个文凭或拿一个更高的文凭，会大大缩短成功所需的时间，这是不言而喻的。

白领丽人孙小姐，就是有感于自己的英语口语水平太差，难以适应工作需要而加入充电大军的。她说："我在一家贸易公司做总经理助理，我充分发挥了女人细心周到的优势，替老总把日常事务安排得井井有条。我本科读的是经济，在洽谈业务上也能助老板一臂之力。老总很赏识我，重要的商务活动都带上我。

"今年年初，公司跟一家美国企业有一项大业务，美方代表亲自到北京来洽谈。这么重要的业务，我当然是老总的左膀右臂。但是这次我显得有些力不从心，老总在美国留过学，与美国客户直接用英语交谈，我虽然读大学时拿到了英语六级证书，可是听力和口语都比较差，谈判内容我很多都听不懂。这下老总变成了我的助理，与我商量事情时要把刚才的谈话翻译给我听，作为助理我很惭愧。

"后来，美方见我经常面露狐疑之色，就常常用中文表达。美国人能讲汉语，他表示可以用中文谈判，他懂中国话。他幽默地说：'知己知彼才能百战百胜。'我更加惭愧了。这

次业务一结束，没等老总开口，我就自觉报了北大的英语口
语班，学费1800元　每周二、四晚上上课，周六全天上课。
我精巧的手袋显得重多了，因为里面多了一本厚厚的英语书，
有空就记单词、读课文。我觉得自己的进步很快，在很多场
合敢开口说话了。

"我的单位和住处都离北大很远，有课的日子下班以后我
匆匆往北大赶，经常踩着铃声进教室。晚饭没有时间吃，我
又是独居，家里也没有饭菜，我就吃学校小卖部的汉堡。后
来，我觉得汉堡的味道像放烂了的白菜的味道，我让自己吃
的时候不许闻也不许想。

"在北大我读的班不给任何文凭，连个结业证都没有，最
后也没有考试，效果全看自己的刻苦程度。我的座右铭是要
对得起自己6个月的奔波劳碌。

"老总支持我去进修，我有课的日子他都让我按时下班。
老总清楚读不拿一纸文凭的班，说明我只是想提高工作能力，
不是靠英语做远走高飞的梦。班里的气氛很好，老师经常和
我们用英语聊天。来读书的男男女女很多都读过研究生，手
里文凭已经不少了　来这里只是给自己充电。大家读书的心
态都很平静，没有人感到压力重重，我们都是来提高一下自

己，没有任何功利目的。"

当然，也有那么一些人丝毫没有意识到自己的知识老化了、落伍了，使得最需要给自己充电的时候反而毫无危机意识，还在得意扬扬地过着得过且过的"幸福、舒适"的生活。所以在职场上，形成了这样一种奇怪的现象：越是学历低、技能低的人，继续充电学习的意识越弱，相反，充电意识最强的反而是那些学历高、技能高的人。其实，一个人要想保住饭碗或者获得晋升的话，继续学习是很重要的，只有不断地提高自己，才能增强自己立足岗位的本领。

目标，是为了笃定方向

有了目标，才能勇往直前

若没有发展目标，就不会发生任何事情，也不会采取什么行动。因为一个人若连发展目标都没有，就只能在人生道路上犹豫，永远到不了属于自己的远方。

就好像生命离不开空气一样，发展的目标对于成功也同样重要。若是离开了空气，没有人能够生存；若是没有发展目标，没有人能够改变现在的状况而走向成功。因此，一定要明确了解自己想去的地方究竟是哪里，对自己的人生有一个清晰的规划。

明确的发展目标，不仅仅能让你的人生更加充实，还能在你以后的人生生涯中发挥作用。发展目标是我们人生中的分界线，它的作用是巨大的。

有了发展目标，你才能向前发展，你的潜意识才能被激活。当你确定了自己的人生目标时，你就激活了内心深处的潜能，它能推动你向目标前进。

世界上没有哪个有野心的成功者是在自己毫无计划、头脑糊涂的情况下发展成功的。"浑浑噩噩"这四个字，就可以用来形容那些心中毫无计划的人的生活态度。是啊，一个没有目标的人就犹如找不到方向的小船，一直漂流，最后只能在失败和绝望的浅滩里搁浅。

若有了发展目标，目标就会产生很大的积极作用。它是你努力的动力，就像长跑选手面对着终点，像射击选手面对着靶子。随着你为实现这些目标而拼搏，随着目标的渐渐靠近，随着一个又一个目标的实现，这时的你就会有一种成功的快乐，而这种快乐又促使你朝着新的发展目标努力。如果你这样做了，你就会发现，你的人生观和世界观都上升了一个层次，你变得更加乐观积极。

对于我们的人生来说，确立和实现发展目标，就好比是一场比赛。你努力的依据便是你的目标，即我们平常所说的"有了奔头"；此外，目标还对你有着鞭策、激励的作用，它就像我们在道路两旁看到的加油站，激励你在人生的漫漫征途中勇往直前。

但有一点我们需要牢记，那就是你必须拥有具体的、可以实现的发展目标。一个人的人生目标越是模糊不清，那实现它的机会也就越遥不可及。没有具体的目标，你就没有办法证明它到底有没有实现，这会使你的行动受挫。那些没有具体目标的人，有时候难免会感到困惑，不明白自己在事业上有什么成就。如果你不能明确你到底要去哪里，你就不可能到达任何一个地方。因此，你的抉择必须要明确而具体。如果你没有计划，你永远不会成功。

一个早晨，一片浓雾正笼罩着整个加州海岸，一位 34 岁的中年妇女在海岸以西 21 英里外的一个岛上跳入了太平洋中，以加州海岸为终点向前游去。假若她成功游到加州海岸，她就会创一个纪录，成为游过这个海峡的第一位女性。

时间一分一秒地消逝，她的身体被海水浸泡得开始失去知觉；鲨鱼不断地试图接近她，但安全人员用枪声将它们惊走；她几乎看不到护送自己的船只，因为海上的雾气太浓了。

在经过了 15 个小时后，她全身发麻，不得不上船结束这次挑战，因为浸泡在海水中实在是太冷了，她感觉即使坚持下去也只能以失败告终。但她的教练和母亲却告诉她不能放弃，因为马上就要到达海岸了。然而她顺着海岸的方向却什么也没有看到，前方除了浓雾再无其他。

她继续坚持了将近 50 多分钟，最后执意要求别人将她拉上船，因为她已经失去了继续挑战下去的勇气。

然而令人惊讶的是，她上船的地方和加州海岸的距离仅仅只有半英里了！

当这位了不起的女性在事后谈起这次失败的经历时说，疲劳和寒冷并不是她失败的根本原因，根本原因是她在浓雾中找不到她继续前进的目标。她总结道："我并不想为自己找失败的借口，如果当时我看见陆地，我挑战成功的可能性很大。"

尽管这位了不起的女性是个游泳好手，并且具有顽强的意志力，但如果没有近在眼前的目标的话，即使她有能力完成任务也会遭到失败的厄运。

对于我们来说同样是这样，只有有着明确的前进目标的人，才会有坚持不懈的动力。如果你实现了一个阶段性的前进目标，就会对你产生继续前进的激励作用，你也会更有动力地朝着终极的目标前进，直到成功地实现目标！

看着目标，一步步走下去

有一年，一群意气风发的骄子从美国哈佛大学毕业，他们将走上自己的人生之路。他们的智力、学历等条件都相差无几。在临出发时，哈佛对他们进行了一次关于人生目标的调查。结果是这样的：

27%的人，没有目标；

60%的人，目标模糊；

10%的人，有清晰但比较短的目标；

3%的人，有清晰而长远的目标。

25 年后，哈佛再次对这群学生进行了跟踪调查。结果又是这样的：

3%的人，25 年间朝着一个方向不懈努力，几乎都成为社会各界的成功人士，其中不乏行业领袖、社会精英；

10%的人，他们的短期目标不断地实现，成为各个领域中的专业人士，大都生活在社会的中上层；

60%的人，他们安稳地生活与工作，但都没有什么特别成绩，几乎都生活在社会的中下层；

剩下 27% 的人，他们的生活没有目标，过得很不如意，并且常常在抱怨他人、抱怨社会、抱怨这个"不肯给他们机会"的世界。

人们对成功的理解，往往只是对结果的认知与把握。而事实上，任何意义上的成功都是点滴的累积，都是丰富的过程内容的积淀与凝聚。诸如财富的积累、学业的成就、卓越企业的经营，无一不是如此。

然而，引领成功的却是目标。正如一首乐曲的音调决定于起首音。而对于成功来说，起首音就是目标，就是对目标的规划。

维亚康姆主席桑姆纳·雷史东说："看准目标，不断进取，就这么简单。我无法想出获得成功的其他答案了。"

任何意义上的成功与进步，都是渐进螺旋式的。其间必然经历无数风霜雨雪，但只要意志坚定，目标不变，不断地改进方法，一定会穿越沼泽，到达成功的彼岸。

美国著名的作家兼战地记者西华·莱德先生，曾在《读者文摘》上撰文，记述了他走向成功的历程。他在文章中写道，在他的一生中，他所受到的最好忠告就是：咬紧牙关，继续走完下一公里路。

"第二次世界大战期间，我跟几个人不得不从一架破损的运输机上跳伞逃生，结果被迫降落到了缅甸和印度交界处的原始森林里。当时我们唯一能做的就是拖着疲惫的身子往印度走，全程长达 225 公里，而且必须在 8 月的酷热和季风所带来的暴雨侵袭下，翻山越岭，长途跋涉。

"才走了一个小时，我的一只长筒靴的鞋钉就狠狠扎了另一只脚一下。傍晚时双脚都磨出了泡，并且出血了，都像硬币那样大小。我就这样一瘸一拐地走完 225 公里吗？别人的情况也好不到哪儿去，甚至更糟糕。我们以为完蛋了，但是又不能不走。为了在晚上时找个地方好好休息一下，我们别无选择，只能硬着头皮继续走完下一公里路……最后，我们居然走完了。

"当我推掉其他工作，开始写一本 25 万字的书时，心一直安定不下来，我差点儿放弃一直引以为荣的教授尊严，也就是说几乎不想干了。

"最后，我强迫自己只去想下一段该怎么写，而非下一页，当然更不是下一章。在整整 6 个月的时间里，我除了一段一段不停地写作以外，什么事也没有干，结果居然写成了。

"几年以后，我接了一件每天写一个广播剧本的差事，到

成功三律 荷花定律 金蝉定律 竹子定律

目前为止一共写了 2000 个。如果当时签一张'写 2000 个剧本'的合同，我一定会被这个庞大的数字吓倒的，甚至把它推掉。不过好在只是写一个剧本，接着又写一个，就这样日积月累真的写出这么多了。"

"继续走完下一公里路"，便是这位著名战地记者的成功之道。目标的作用不仅是界定追求的最终结果，它直接影响着整个人生旅途。目标是成功路上的神灯，它引导着我们前进。

目标能使我们产生力量和积极性。它既是努力的方向，也是自身的鞭策。制定和实现目标就像是一场比赛，随着目标一个个地实现，你的思维方式和工作方法就会渐渐改变。但是，需要注意的是，目标必须是具体的，可以实现的。否则，实现不了只会降低你追求目标的积极性。

目标能使我们看清自己生活的使命。你可知道，那些对自己处境不满的人中，有 98% 的人对其心中目标没有清晰规划，他们没有改善生活的目标，而一个人没有目标就不会去鞭策自己。结果是，他们继续生活在他们无意改变的世界上。

有人曾经说过："智慧就是懂得该做什么艺术。"制定目标还有一个最大的好处就是：它有助于我们安排工作中和生活中的轻重缓急。没有目标的鞭策和警醒，使我们很容易陷入与理想无关的琐事当中。

虽然目标是有待将来实现的，但目标还能使我们有能力把握现在。为什么呢？因为要实现目标，就必须由一连串的小任务和小步骤来一步一步地实现。

第一，为自己树立长远的人生目标。成功应该首先从确立长远目标开始。为自己确立一个切合实际且有望实现的长远目标。在实现目标的过程中，只要能保持朝着目标不断努力、积极进取，并将之应用到你的生活中和事业上，那么不论你做什么，都会取得成功的。

第二，为自己设定一个有效的目标。一个有效的目标首先需要把自己的想法清晰化，明确自己想达到的具体目标，然后全力以赴地去实现这个目标。为实现目标做好计划，并规定最后期限，细心规划各时期的进度：每小时的、每日的、每月的。因为有组织的工作及持续的热情是力量的源泉，这样才能实现目标。

第三，把具体的目标写在卡片上，要把它写得清清楚楚，以便于阅读每一行中的每一个字。将这些卡片保存好，并随时把这些卡片带在身边，每天都要看这些卡片。请记住：只有采取行动才能实现我们的目标。当火车静止不动时，往它的 8 个驱动轮前面放一块小小的木头，就能使它永远停在铁轨上。而同样的火车以每小时 100 公里的速度前进时，却能穿过 5 英尺厚的钢筋混凝土墙壁。请现在就开始去提升行动的勇气，冲破介于你跟目标之间的种种阻碍与难关吧！

第四，不要被困难吓倒，认清自己的目标只是成功的开始。如果要把目标变成现实，需要付出超常的毅力。那些成功人士除了拥有坚持与执着外，更重要的是他们能紧咬目标不放松。只有这样，才能全力以赴，赢得成功。

选择适合你的目标，不要自寻死路

在美国西部，有一位著名的木材商人，他曾经做了 40 年的牧师，可是一直无法成为一个出色的牧师。

他考虑再三后，对自己的优势和弱点有了重新的认识，于是立刻改变目标，开始从事商业经营。他的事业经营得非常顺利，最终成为一个全国有名的木材商人，富甲一方。

目标很重要，选择合适的目标更重要。如果在前进的时候，发现选择的方向错了，就不要固执地一条路走到底，换一个方向，才不至于自寻死路。

费伯赫是法国的一位著名学者，曾经做过一种叫"前进毛虫"的实验。听名字你就可以知道，这种毛虫只会跟着前面的毛虫往前进，不会自己选择另外的方向。费伯赫细心地将毛虫围成一圈，将花盆放在它们中间，并在花盆里放了它们最爱吃的松针。毛虫围着花盆绕了七天七夜，最终死亡，原因是疲倦和饥饿。尽管食物近在眼前，但由于没有正确的前进目标，只是盲目地跟着前面的毛虫前进，最终导致了这种悲哀的结果。

生活中，很多人也会犯这种简单的错误，顺从地跟着别人兜圈子，而将自己的目标与方向抛之脑后，这导致他们经常与近在眼前的机遇失之交臂，最终一生碌碌无为。我们很容易就能明白，假若你没有属于自己的正确的前进方向，那么就永远不可能走到人生的目的地；而假若你走的是错误的方向的话，那你永远也不会得到预期的成功。

选择前进的道路其实就是要对方向进行选择。俗话说得好，行行出状元。然而生命是有限的，条件也是千差万别，我们在选择前进的道路时，只有选择既适合自己又适应社会的那种才有可能达到成功。假若人人都挤热门行业，都想从事红火的领域，那结局无一例外，注定要失败。

所以，要根据自己的能力进行仔细评估后再来选择前进的方向，例如你的受教育程度、有着怎样的办事能力、有没有什么特长、有着什么样的兴趣爱好等，并从中得出客观的自我评价，自己擅长做什么，不擅长做什么，从而顺利地通过自己的突破口，找到成功的途径。每个人既有自身的优势，又有自身的劣势，只有努力发挥自己的优势，避免劣势的干扰，才有机会获得巨大的成就。

每个行业都会存在自身行业的特点，因此就需要不同的素质与才能。假如你对这些不了解的话，就没有机会施展出自己的特长，那结果往往只能是自我淘汰。与此相反，假若你能够掌控你自己，做最适合你的工作，那你就会先人一步迈向成功。达尔文学数学、医学时一窍不通，但当学习动植物学时却充满智慧；而身为自然科学家的阿西莫夫，在一天上午坐在打字机前打字的时候，忽然产生了一个想法：尽管我不能成为第一流的科学家，然而却能够努力实现当第一流的科普作家的梦想。因此，他竭尽全部精力去写科普作品，结果进入了当代世界最著名的科普作家之列。此外，我们要掌握自己的前进路线。每个田径运动员在体育竞技场上都有自己的起跑线，而前往成功的路上也具备这样的途径。在我们达到目标之前，首先要知道我们现在在什么位置，你的身份是工人、农民、知识分子中的哪一个，你目前急需解决的问题是什么。不同的追求和方向是由我们每个人的不同现状所决定的。

在一本名叫《泛野子·内篇》的著作中，记录着这样一个故事：有一位西邻有五个儿子，而且这五子"各有不同"：大儿子性格质朴，二儿子头脑聪慧，三儿子眼瞎目盲，四儿子弯腰驼背，五儿子足跛腿瘸。在我们看来，这家的当家人日子应该过得很清苦才对。但是由于西邻治家有道，日子过得蛮舒心的。经过仔细调查，才知道原来他给每个儿子都按照其特点做了恰当的分工：大儿子性格质朴，所以就让他种地务农；二儿子头脑聪慧，所以就让他经商做生意；三儿子眼瞎目盲，所以就让他学习按摩；四儿子弯腰驼背，所以就让他练习搓绳；五儿子足跛腿瘸，所以就让他在家纺线。这一家人，各展其长，各得其所，最终"不患于食焉"。虽然家里有3个残疾的儿子，但却能各施所长，因此丰衣足食不成问题。从中我们也可以看出，每个人都可以拥有自己不同于别人的成功，而其中的突破口就是要有明确的目标和正确的方向。

目标选错了就换，别太执拗

在选择人生和事业的目标时，要选择适合自己的。不同的人有不同的长处和短处，也有不同的能力和智商，如果选定的目标不适合自己，高于或者低于自己的能力，不与自己的智商相对应，就不是合适的选择。

找到适合自己的目标非常重要。不然的话，将永远挣扎于不满意的情绪之中。适合自己的才是最好的，目标也一样，高效工作必须是为适合自己的目标而做。当然，目标是一种方向，需要恰当地选择。假如你的目标发生了问题，就应当更换目标，这样才能重新确定自己的强项，从而为更合适的目标去努力。

梵·莫顿本来是个经营布料的商人，后来改做金融生意。1888年时，他又成为美国副总统候选人，名声大噪。

当有人请教梵·莫顿是如何成功地转变为一个银行家的时候，他说："当时我还在经营布料生意，业务状况比较平稳。但是有一天，我偶然读到爱默生写的一本书，书中这样一句话映入了我的眼帘：'如果一个人拥有一种别人所需要的特长，那么无论他在哪里都不会被埋没。'这句话给我留下了深刻的印象，顿时使我改变了原来的目标。

"做生意的时候我非常注重信用，这是商人的一个非常重要的信条，难免要去银行贷些款项来周转。看到了爱默生的那句话后，我就仔细考虑了一下，觉得当时各行各业中最急需的就是银行业。人们的生活起居、生意买卖，处处都需要金钱，天下又不知有多少人为了金钱要吃尽苦头。

"接着我下定决心不再做布匹生意，开始创办银行。在稳当可靠的条件下，我尽量多往外放款。一开始，我要去找贷款人，后来，许多人都开始来找我了。由此可见，任何事情，只要脚踏实地去做，就不会有失败。"

在人类的历史长河中，有许许多多的人因为一生干着不恰当的工作而遭致失败。这些失败的人里面，很多都是认真做事的，按道理讲立该会成功，可是事实是，他们是彻底的失败者。失败原因到底在哪里呢？在于他们没有勇气放弃耕种已久但荒芜贫瘠的土地，没有勇气再去寻找肥沃多产的田野。所以，只好眼看着自己白白花费了大量的精力，消耗了宝贵的光阴，任仍一事无成。其实，他们早该知道，这完全是由于他们没有找到适合自己的工作，没有找到适合自己的

成功三律 荷花定律 金蝉定律 竹子定律

目标，而糊里糊涂地过着浑浑噩噩的日子。

有个坚定的目标是很重要的。一旦你以相当的精力长期从事一种职业，但仍旧看不到一点儿进步、一点儿成功的希望的话，那么你就应该反思一下：从自己的兴趣、能力来说，自己追求的目标是否合适？自己是否走错了路？如果走错了路，就应该及早掉头，去寻找适合自己、更有希望的职业。如果你所追求的目标一直没有实现的希望，那就不必再浪费时间了，不要再无谓地消耗自己的力量，而应该去寻找另一片沃土。

去改变目标也是不可避免的事，但是在改变之前一定要认真考虑，有了成熟的想法才能去改，千万不能朝三暮四，不可以有既抱着这个又想要那个的态度。在美国西部，有一位著名的木材商人，他曾经做了 40 年的牧师，可是一直无法成为一个出色的牧师。他再三考虑后，对自己的优势和弱点有了重新的认识，于是立刻改变目标，开始从事商业经营。他从此一帆风顺，最终成为一个全国有名的木材商人，富甲一方。

目标很重要，选择合适的目标更重要。选择合适的目标时，需要自己不断地反思，认清自己的特点和不足，然后再给自己一个准确的定位，从而才能找到合适的目标。目标一旦定下来，就要信任自己和自己的能力，绝不可轻易承认自己有失败的可能性。想着自己的长处而不是短处，想着自己的能力而不是问题。

在生活和学习中，我们不仅要学会找到属于自己的目标，更重要的是要学会设定一个有效的目标。什么是一个有效的目标呢？即首先需要明确自己的想法，明确自己想达到的目标是什么，然后专心致志地去实现这个目标。为实现目标做好计划，并规定完成目标的期限，细心规划不同时期的进度：每小时的、每日的、每月的。因为只有有组织的工作及持续的热情，才能更好地实现目标。

光有目标而没有行动也是不行的

制定目标是为了取得更好的成绩，我们既然制定了目标，就应该将之付诸行动。如果我们只制定而不行动的话，那它对我们将毫无意义。

其实，制定目标是相当容易的事情，难的是将它付诸行动，制定目标只需要用大脑想想就可以了，而实现目标是需要付出实际行动的，只有扎扎实实地行动才能将目标转化为现实。

有许多人都像一个谋略家似的去制定自己的目标，但是，大多数人只是制定目标，而不投入实际的行动，不去实现它，到最后便一事无成。

要想取得成功就必须先经历失败，同样，要想实现自己的目标就必须先采取行动。

目标制定好后就要意志坚定、没有任何借口地去将它实现。徘徊、停滞不前只会让你预定的目标成为泡影。

不管做什么事，都不应该半途而废，应该努力将它做好。在工作和学习中，精神集中是最重要的。当你不知道是否应该做这件事的时候，就应该考虑一下做好这件事的价值，这样心中就有了自己的答案。只要你决定去做，就要把全部的精力集中到这件事情上。例如，当你在读一本书的时候，就应该把全部的精力集中到这本书上，你一边读一边想着他写的是否正确，一边学习一边欣赏着它优美的措辞，绝不能把自己的心放到其他的事情上。

制定目标是简单的，难办的是将这个目标一直贯彻到底。很多人都有这样的经验，刚开始为了自己的目标干劲十足，过了一段时间后就没有开始时的那个劲头了，再过一段时间后实现自己目标的信心便也荡然无存了。当你制定好目标后必须把它写在纸上，这是最简单的一步，这样才使目标更有可能实现、更具体化，有好多人连这最简单的一步都没有做到。

当你把它写下来后，就应该付诸具体的行动，不要漫不经心、一拖再拖。要实现自己的目标就应该有行动，而且必须立即采取行动，只有这样才有可能取得成功。你先别考虑以后的结果，最关键的是应该行动起来，把自己的计划告诉别人或者拟订一份可靠的行动方案都是不错的方法，只要把你的行动一直持续下去就行。如果你每天都这样坚持，那么，这持续的行动最终会把你带向成功。

假如你想用一年的时间学好爵士舞的话，那你就先让"手指头行动起来"，尔先把这个计划写在一张纸上，然后再找到这方面的培训班，立刻给他们打个电话申请入学，然后安排时间去学习。

假如你想用一年的时间买一辆奔驰汽车的话，那么你就应该找一份有关奔驰汽车的资料，或者亲自过去了解一下。这就是为以后购买采取的必要行动，只有当你完全了解了自己想要的东西后，才会加强你购买的欲望。

假如你想用一年的时间来赚够 10 万美元的话，那你就应该立即采取行动了。到底有什么样的职业能帮你挣够这些钱呢？你是否考虑干两份工作呢？你是否把自己以前的积蓄拿去投资呢？你是否想经过自己的努力来创造自己的事业呢？是否有已经赚到这笔钱的人为你提供一些资源呢？

请记住你每天实现自己目标的感受，最好是一早一晚，一天两次都能有所体验，哪怕是一个小小目标的实现。每隔一段时间后，你就应该重新写下新的目标，用以鉴定自己是否还在为它们行动着。当你决定自己要积极地面对生活后，我相信你会对生活有与以往不同的感受，就会修改自己以前所制定的目标，那么就让我们好好地动动脑筋想想自己的目标吧！只有这样才能最快、最好地将每个目标达成。

俗话说："万事开头难！"有了这样的思想后，人们总是下不了决心迈出第一步，要干成一件事，迈出第一步是至关重要的。于是这第一步总是今日推明日、明天推后天，总是犹犹豫豫拿不定主意，浪费很多时间，使得成功的机会大大减小。

想要做成一件事就必须要有勇气。当你做一件事遇到障碍时，你就会发现最大的障碍其实是自己，主要是因为自己缺乏勇气开始行动，更为重要的是，缺乏迈出第一步的勇气。如果你能鼓足勇气开始面对这件事，那做起这件事并不像自己想象中的那么困难。

只要迈出了第一步，接下来的第二步、第三步……就一直这样做下去，你就会越来越接近自己的目标，你的目标最终就会转化为现实。

勤奋，是为了出人头地

勤勉是好运之母

有人说，机遇就像一粒种子，在黑暗的泥土中汲取营养和能量，慢慢地积蓄力量，一旦听到春风的呼唤，就会破土而出，茁壮成长，而这个"春风"就是勤奋。

有些人对自己所处的境况不满意，他们没有从自己的身上寻找原因，而是主观地将自己的境况归咎于机遇不佳。他们整天牢骚满腹，哀叹自己境遇不好，没有遇到能够发挥自己才能的空间。他们并不懂得，勤奋才是实现机遇的动力，因为它体现了一个人对待自己所从事的工作的态度。

虽说每个人都有自己的工作平台，但并不代表每个人都能从中获得成功的机遇。本职工作其实只是一个外因，它只是为机遇提供了可能的场所，至于能不能抓住机遇，那就要看自己是不是勤奋，是否愿意为此而付出努力。正如富兰克林所说："勤勉是好运之母，上帝把一切事物都赐予勤勉。"

在 19 世纪末，密歇根的一家电灯公司以月薪 11 美元雇用了年轻的技工福特。他每天工作 10 个小时，还常常花费半个晚上的时间待在房子后面的一间旧棚子里，他想要设计出一种新的引擎。

他的父亲是个农夫，不理解自己儿子的这种行为。在他看来，儿子这样做竟是在浪费时间，一点儿用处都没有，而邻居们也都在背后说这孩子不正常。人们都在取笑他，不相信他能做出什么真正有用的东西。

当时，没有人支持他、相信他，除了他的妻子。当做完了白天的工作后，他的妻子就在小棚子里帮着他研究。夏天还好过，到了冬天的时候，天色很早就暗了，妻子提着煤油灯，在寒风中瑟瑟发抖。但他们一直坚信，引擎设计早晚会成功。

在 3 年后的一天，邻居们被一连串奇怪的声音吓了一跳，他们跑到窗口，看到他们一直取笑的福特正在一辆没有马的"马车"上摇晃着前进。邻居们看呆了，他们没有想到，一个崭新的工业就在他们看不起的人身上诞生了。

成功三律 荷花定律 金蝉定律 竹子定律

　　也许有人认为机遇是成功的关键，但事实上却并非如此，不论做什么事，即使是有了机遇，也需要去努力。用不屈服的精神去苦干，因为只有积极勤奋地努力，才能挖掘出潜在的能量。很多成功人士的成长都离不开勤奋，比如我们所熟知的卡耐基。

　　在卡耐基年轻的时候，他在匹兹堡做过一个负责递送电报的工作。每天的工资少得可怜。由于当时他刚刚来到城里，人生地不熟，生怕丢了饭碗。于是，他把匹兹堡商业区的每家公司、商店的字号和地点都牢记在心，以免在送报时出现差错。

　　随着这份工作越来越得心应手，卡耐基开始希望自己成为一名接线员，因此他晚上自学电报知识，每天早上提前跑到公司，在机器上练习。一天早上，公司突然收到一份电报。这是一份从费城发来的紧急电报，但是由于当时时间太早，接线员都没有上班，于是卡耐基立即跑去代为接收了下来，并赶紧送到收报人的手中。从这以后，卡耐基就被提升为接线员，薪水也增加了一倍。

　　在做了接线员以后，由于他工作勤奋，态度积极认真，因此很快引起了公司领导的注意。后来，宾夕法尼亚铁路公司建立了一条专用的电报线，卡耐基被指派为接线员，随后

063 <
上篇　荷花定律：厚积而薄发

被升为监理的私人秘书。

就这样，卡耐基以自己的勤奋和上进为自己的未来铺了一条道路，之后他在这条路上踏实地走着，并最终获得了超凡的成功。

很多人抱怨运气不好，没有好的机遇。其实机遇之神或多或少都敲过我们的门，只是因为我们实力不足而无法把握，才让机遇擦肩而过。这就说明机遇只是成功的偶然因素，成功的必然因素还是自身的才能和实力。

"机遇只是为有准备的人准备的"，是说只有本身具备了应有的才能和实力，并抓住了每次良机，才能获得成功。可见，机遇是成功的种子，但它只有在一定的条件下才会发芽，如果你本身没有达到获得这份机遇的条件，那么机遇再好对你来说也没用，只是擦肩而过罢了，关键还在于你自身的努力。

机遇垂青勤奋之人

马克道厄尔是阿穆耳肥料工厂的厂长，他原本只是一个速记员，后来之所以被提升，是因为他能做他分外的工作。

马克道厄尔最开始是在一个书记手下做事，这个书记很懒惰，经常将自己的工作推给下属。他觉得马克道厄尔是一个可以任意驱使的人，某次便叫他替自己编一本阿穆耳先生去往欧洲时用的密码电报书。这个书记的懒惰最终成就了马克道厄尔，使他崭露头角。

马克道厄尔不像一般人编电码一样，随意简单地编几张纸，而是编成一本小小的书，用打印机一张张地打印了出来，并用胶认真地装订好了。书记将马克道厄尔编的电报书上交给了阿穆耳先生。

"这大概不是你做的吧?"阿穆耳先生说。

"不……是……"书记结结巴巴地回答。

"你叫他到我这里来。"

马克道厄尔走进办公室，阿穆耳对他说："小伙子，你为什么把我的电报做成这种样子?"

"我想这样您用起来方便些。"

没过多久，书记就被辞退了，而马克道厄尔顺利地坐上了书记的位置。

下面我们来结识一下著名的房地产经纪人戴约瑟。

戴约瑟能当上售货员，其实得益于他替同事做的一笔生意。

14 岁的时候，戴约瑟只是一个听差的小孩，他觉得要做一个售货员是一件不可能的事，而这是他非常想做的事。一天下午，从芝加哥买了一位大主顾。

这天刚好是 7 月 3 日，这位主顾必须于 7 月 5 日动身前往欧洲，但他在动身之前需要订一批货。货要到第二天才能准备好，次日恰好是国庆日，但店家承诺会安排一个店员来处理。

普通订货的手续是主顾先把各色货样看过，然后选定他想要的货。售货员再把所订的一卷一卷的货单拿出来检查一遍。

店家安排的店员非常不愿意牺牲自己的假期，戴约瑟得知后，就对那个店员说，他愿意帮他做这件事，结果戴约瑟一步步靠近了心中的梦想，17 岁时如愿成了一名售货员。

在工作中，绝大多数人只是在做好自己的本职工作，因为这是分内的事，但很少有人愿意去做分外的工作。殊不知，做分外的工作常常会获得机遇的垂青，因为机遇偏爱那些勤奋的人。

勤奋造就了天才

法国浪漫主义作家雨果说："懒惰是一个母亲，她有一个儿子：抢劫，还有一个女儿：饥饿。"伟大的画家达·芬奇说："勤劳一日，可得一夜安眠；勤劳一生，可得幸福长眠。"

亚历山大征服了波斯人，但他对波斯人的生活方式并不认同。亚历山大发现，波斯人的生活十分腐朽，他们厌恶辛苦的劳动，却只想舒适地享受一切。亚历山大不禁感慨道："没有什么东西比懒惰和贪图享受更容易使一个民族奴颜婢膝的了，也没有什么比辛勤劳动的人们更高尚的了。"

懒惰是一种慢性毒药，无论是对个人还是对一个民族都是十分有害的。懒惰、懈怠从来没有在世界历史上留下好名声，也永远不会留下好名声。懒惰是一种精神腐蚀剂，因为懒惰，人们不愿意攀登高峰；因为懒惰，人们不愿意付出行动；因为懒惰，人们不愿意去挑战那些完全可以战胜的困难。

生性懒惰的人是不可能获得真正意义上的成功的，成功偏爱勤奋的人、努力的人。懒惰是一种恶劣而卑鄙的精神重负，人们一旦背上了懒惰这个包袱，就只会怨天尤人、精神沮丧、无所事事，对国家、对社会而言都毫无用处。

每个人都有其性格的两面性，勤奋和懒惰，就是一对矛盾。古人云："勤奋如春起之苗，不见其增，日有所长；懒惰如磨刀之石，不见其损，日有所损。"大意是说：勤奋使人慢慢成长，懒惰使人渐渐沉沦。勤奋与懒惰就像一对天敌，有你无我，有我无你。

成功当然要具备很多要素，如机遇、天赋、心态、学识等，但最主要的还是勤奋。勤奋是成功之母，在奋斗的路上，你付出多少勤奋，偷过多少懒，结果一目了然。

勤奋总比懒惰好。有的人一辈子勤奋，有的人开始勤奋后来变得懒惰，有的人可能从小到大始终是个懒惰者。由于勤奋的程度不同，其人生也会因此而不同。一分耕耘，一分收获，多一分勤奋，多一分成功，勤奋的多少与成功的大小总是成正比的。

以机遇不好、天分不够、命运不佳为自己的懒惰和失败开脱，是没有任何道理的。事实证明，机遇首先迎接的是勤奋者，天分首先偏爱的是勤奋者，命运首先光顾的也是勤奋者。

有人曾问牛顿是用什么方法得出了那么多举世瞩目的理论时，他说："总是思考着它们。"还有一次，牛顿这样陈述他的研究方法："我总是把研究的课题放在心上，并反复思

成功三律 荷花定律 金蝉定律 竹子定律

考，慢慢地，起初的灵光乍现终于一点一点地变成了具体的研究方案。"和其他有所成就的伟人一样，牛顿的成功也是建立在勤奋、专心和持之以恒的基础上的。放下手头的这一课题而从事另一课题的研究，这就是他全部的娱乐和休息。牛顿曾说过："如果说我对社会民众有什么贡献的话，完全只因勤奋和喜爱思考。"

无论多简单的事情，如果能反复磨炼就能产生让人惊奇的效果。拿拉小提琴来说，如若想达到炉火纯青的地步，绝对需要多次辛苦的练习。有一名年轻人曾问小提琴大师卡笛尼学拉小提琴要多长时间，卡笛尼回答道："每天 12 个小时，连续坚持 12 年。"

吉姆·罗杰斯是美国著名的投资家、金融家。1942 年 10 月 19 日，罗杰斯在亚拉巴马州的一个小城镇出生了。罗杰斯的父亲是参加过第二次世界大战的老兵，退役后，白天经营一家化工厂，晚上还做会计工作，父亲的勤奋深深影响了罗杰斯，罗杰斯坦言："我并不觉得自己聪明，但我确实非常勤奋地工作。如果你能非常努力地工作，也很热爱自己的工作，就有成功的可能。每个人都梦想着赚很多的钱，但是，我告诉你，这是不容易的。"罗杰斯做专职的货币经理时说过："生活中最重要的事情是工作。在工作做完之前，我不会去做任何事情。"

合伙人乔治·索罗斯也曾回忆说："罗杰斯一人干了6个人的活儿。"

不难看出，正是勤奋造就了牛顿、卡笛尼和吉姆·罗杰斯的成功。

耕耘才有收获

当你选择了一项事业并准备为之奋斗时，你一定要记住：要勤奋，而不要偷懒。真正聪明的人一般不计较眼下的区区得失，而是把眼光放长远，时刻有一个总体的事业目标，所有的努力都是为这个目标而服务的。虽然他们的好多行为让别人看起来都是没有意义的，甚至很吃亏。但他们心里很清楚，自己的努力肯定在将来会得到巨大的利益回报。勤奋，就能创造奇迹；坚韧，就能给你带来福音。

有位老农一生勤于耕种，据说挣下了很多家产。临终之际，他把五个儿子叫到跟前，说："我已经给你们每个人都留了田产，除此之外，我还有一批财宝，就埋在我们家的田地内。等我死后，你们可以去挖出来平分……"话还没说完，老农就去世了，并没有说出藏宝的具体地点。

　　五兄弟自父亲死后，立即展开挖宝工作。庞大的田地很辽阔，五兄弟努力地挖呀挖，挖了一两个月却一无所获。播种的季节到了，五兄弟都暂时停止了寻宝，开始播种。

　　从播种到收成完毕，五兄弟耐心地等待着。收成结束后，五兄弟又努力地挖呀挖。这一季的收成非常好，因为经过一番松土，土地更肥沃了。

　　又到了播种时节，挖宝工作又暂停。秋收之后，五兄弟还是不放弃，继续挖宝。这一季收成更好了。

　　如此年复一年，五兄弟都没有挖到宝，但庆幸的是，收成一年比一年好，五兄弟的日子都过得还算富裕。

　　对于父亲的说辞，五兄弟坚信不疑，但是找不到财宝却让他们颇感失望。有一天，五兄弟去问伯父："财宝究竟埋在什么地方啊？"

　　"你父亲把一辈子攒的钱都买了田产，分给了你们，他说的财宝就是这些沃土。他希望你们五兄弟能勤奋耕种，过上富足的生活。你们还不明白吗？"伯父说。

　　生活中其实到处充满财宝，能不能得到，就看我们是否努力耕耘。世上根本没有不劳而获的东西，只有勤奋才能拥有。金钱如此，事业亦是如此。一个不勤奋工作，不勤于思考的、懒惰的人，财富之门是不会为他开启的。而对那些有头脑，在自己的工作、生活和学习中细心思考、观察、体验的人，成功其实不过是扇虚掩的门。以实力和奋斗的精神去推开那扇门，迎接你的是一片光明。开启成功之门的密码就是——勤奋。

好逸恶劳是万恶之源

懒惰者注定一事无成，因为懒惰者好逸恶劳、不思进取，缺乏吃苦实干的精神，除了幻想天上掉下馅饼以外，似乎并没有其他想法。

懒惰会吞噬人的心灵，会毁灭人的肌体。

马歇尔·霍尔博士认为："没有什么比无所事事、空虚无聊更为有害的了。"美因兹的一位大主教认为："一个人的身心就像磨盘一样，如果把麦子放进去，它会把麦子磨成面粉，如果你不把麦子放过去，磨盘虽然也在照常运转，却不可能磨出面粉来。"

比尔·盖茨说："懒惰、好逸恶劳乃是万恶之源，懒惰会吞噬一个人的心灵，就像灰尘可以使铁生锈一样，懒惰可以轻而易举地毁掉一个人，乃至一个民族。"

下面这则寓言就是一个很好的例子：

大海里有一条长得十分精致的鱼，一双明亮的大眼睛尤其漂亮。但它有一个不好的习惯，就是懒惰。

海里的同类都很喜欢它，也想帮它改掉这个坏习惯。

螃蟹对小鱼说："漂亮的小鱼，我们一起去河口走走吧？可以将它看作一次长途旅行，开阔一下视野，也锻炼锻炼身体！"

"去河口？"小鱼摇摇头说，"太远了，会很累！我不想去。"

螃蟹失望地游走了。

小虾对小鱼说："漂亮的小鱼，我教你跳高好不好？跳高对身体好。"

"学跳高？"小鱼慢腾腾地说，"听说跳高很累的，还是在松软的水草上躺着舒服，不去。"

虾也失望地游走了。

鳟鱼又对小鱼说："漂亮的小鱼，我们一起去大海里漫游吧？那里浩瀚无边，可以看到很多新鲜事物，还能学到很多本领。"

"太累啦，我不要去！"小鱼说着，打了一个大大的哈欠。

鳟鱼也失望地游走了。

就这样，小鱼依旧每天躺在水草上，什么都不做。

时间过得好快 一转眼，螃蟹从河口回来了，它变得很健壮。虾也回来了，变得雪亮，动作敏捷。

鳟鱼也从大海漫游归来了，它见识了很多新事物，成了渊博的学者。它记起了昔日的好友——漂亮的小鱼，于是去看它。

小鱼目光呆滞地躺在水草上，没有了往日的漂亮，身体变得十分单薄，就像一片枯叶。

"怎么会这样？"鳟鱼有些同情地问。

小鱼叹息道："因为我每天躺着不动，渐渐没有了活力，所以就变成现在的样子了。"说着，它悲伤而懊悔地哭了。

鳟鱼学者说："懒惰会改变容貌，毁掉肌体！原来这是真的！"

懒惰者总是有这样或那样的借口，在贪图安逸、碌碌无为中等待生命的完结。他们只相信运气、机缘、天命之类的东西，看到别人发达了，就说："人家运气好！"看到别人知识渊博、聪明机智，就说："人家有天分！"发现别人德高望重，就说："人家有机缘！"

他们从来看不见别人在实现理想的过程中付出的辛劳与汗水，经受的考验与挫折。

比尔·盖茨曾给一位年轻人写信说：

成功三律 荷花定律 金蝉定律 竹子定律

"你这种懒惰行为，所谓没有时间等，都只是一种借口而已，你总是用种种漂亮的借口来为自己辩解，我看你最根本的一条就是不肯努力，不肯下功夫，你的理论就是每一个人都会把他能干的事情干好。如果有哪一个人没有干好自己的事情，这表明他不能胜任这件事情。你没有写文章，表明你不能够写，而不是你不愿意写。你没有这方面的爱好，证明你没有这方面的才干。这就是你的理论体系——多么完整的理论体系啊！

"如果你这个理论体系能为大众普遍接受的话，它将会产生多大的负面作用啊。"

由于他们不肯付出，因此不可能在社会生活中成为一个成功者，只能是失败者。成功只会眷顾那些勤劳的人。

著名哲学家罗素说："真正的幸福绝不会光顾那些精神麻木、四体不勤的人，幸福只在勤劳和汗水中。"

懒惰会使人们精神沮丧、万念俱灰，所以你要远离可怕的懒惰，努力培养自己勤劳的习惯。因为只有劳动才能创造生活，给你带来幸福和欢乐。

中篇

金蝉定律：

矢志不移，
逆转困境

坚持，是为了时来运转

从量到质，需要的就是坚持

蝉的生命只有一个月，是非常短暂的，可是蝉的形成过程却需要漫长的时间。尽管如此，蝉要想享受到这短暂的生命，它的幼虫就必须在地下忍受 4 年的等待煎熬，之后才能破土成虫，然后再爬到树枝上褪去自己那身坚硬的外壳。昆虫学家法布尔曾在自己的专著中发出了这样的感慨，他说："它所享受到的那来之不易的刹那间的欢欣和愉悦，要用什么样的声音才能够响亮到足以用来歌颂的程度呢？"

地下 4 年的煎熬，地上一个月的生活，这就是蝉一生的时间。人的成功又何尝不是这样呢！默默无闻地努力了很长一段时间，成功的时刻终于来到了自己的面前，片刻的欣喜过后，又要踏上下一个目标的奋斗征程，周而复始，就这样构成了一个人的一生。

从哲学的角度来说，事物的发展过程都是从量变到质变的，这两者的关系是：量变是质变的必要前提，质变是量变的必然结果。要想将来有一天达到质变，长时间的量变积累是不可或缺的。奥运冠军想要迎来万众瞩目、荣登榜首的激动人心的结果，就必须反复地刻苦训练。

成功并不是轻而易举就能得到的，它需要经过长期的反复累积和顽强的拼搏奋斗才能取得。可是有很多人为了能尽早获得成功，抱着急功近利的态度，心浮气躁，三天打鱼，两天晒网。这种人是注定与成功无缘的。

很久以前，一个村子住着兄弟二人，在他们那里年年闹旱灾。于是，兄弟俩计划挖一口井，这样不仅能将自己的饮水问题解决，同时还能灌溉良田，使得灾情得到缓解。在开始时，是哥哥先挖。他使出浑身的力气，大汗淋漓，费了九牛二虎之力好不容易挖了一大截，只要他再稍微坚持那么一下，他就可以达到目的，将井挖好。可惜的是，他没能坚持下来，还没挖到底时就选择了主动放弃，认为这里是不会有井水的。于是他又选了另一处地方挖了起来，最后和上次一样半途而废。就这样，一个星期过去了，他换了四五个地方，结果如出一辙，都没有挖到井水。该弟弟挖了，弟弟的情况让哥哥深感惊讶，因为弟弟只挖了一次，就将井水给顺利地引出来了，兄弟俩的困境顿时就解决了。此时，哥哥握着弟弟的手，高兴地说："你真是幸运呀，弟弟，哥哥实在是钦佩你！"弟弟告诉他说："哥，你知道你为什么没有挖到井水吗？就是因为你没能坚持到底。你接连换了五个地方，总共挖了五回，可每一次都是半途而废，无功而返。实际上你只要有一回能够稍微再坚持一下，尽点儿力，就可以挖到井水了。可是你总是在最关键的时刻主动选择了放弃。'行百里者半九十'就是这个意思。"听了弟弟的话之后，哥哥恍然大悟，原来自己之所以会屡遭失败，就是因为自己缺乏毅力。

　　一个想把每一件事情都做好、做到位的人，成功与否的关键是看他能不能做到坚持不懈。"一日一钱，十日十钱；绳锯木断，水滴石穿。"这里面所蕴含的道理，想必每个人都知道，可是能在实践中做到的人却微乎其微，少得可怜。或许这也就是伟人和凡人的分水岭。

再坚持一下

　　一个痴迷足球的女孩子，请求父母把她送进了体育学校里练习踢足球。虽然她喜爱这项运动，但真正进入体校，她没有任何优势可言。她成不了一个引人注目的优秀运动员。训练时，尽管老师相同，但她的动作总是让人感觉别扭。她踢球的动作总是没有队友的好看，处理能力和应变能力也常常受到队友的奚落。在体校她甚至有"野路子球员"的外号。因此，女孩儿很久都是情绪低落的。在体校每个球员的理想就是进入职业球队=打上主力。职业球队也经常去体校挑选后备力量。每次选人，女孩儿都卖力地踢球，然而终场哨响，女孩儿总是没被选中。而她的队友已经有不少陆续进了职业球队，没选中的也悄悄离队了。于是，这个平时训练最刻苦认真的女孩儿便去找一直对她赞赏有加的教练，教练总是很委婉地说："名额不够，下一次就是你。"天真的女孩儿似乎看到了希望，树立了信心，又努力地练了下去。

　　一年之后，女孩儿仍没有被选上，她实在没有信心继续练下去了。她认为自己虽然场上意识不错，但个头太矮，又

成功三律 荷花定律 金蝉定律 竹子定律

是半路出家，再加上每次选人时，都迫切希望被选上，因此上场后就显得紧张，导致平时的训练水平发挥不出来。她为自己在足球道路上黯淡的前程感到迷茫，就有了离开体校的打算。

这天，她找到教练辞行，说："我看来真的不适合踢足球了，因为我已经尽力了。我还是去上大学吧。"教练看着她默默地点了点头。谁知道第二天在家中，她竟然收到了一张职业球队的录用通知书！女孩儿兴奋地跳了起来，赶紧把书包和书籍放在一边。她发现自己潜意识中永远是倾向于足球的。她热爱足球运动，因此没有思索就去球队报到了。然后女孩儿很高兴地跑去找教练，她发现教练的眼中同她一样闪烁着喜悦的光芒。教练这次开口说话了，他说："孩子，以前我总说下一次就是你，其实那句话不是真的。我是不想打击你，希望你一直努力下去啊！"女孩儿一下子什么都明白了。

在职业球队受到良好的系统实战训练后女孩儿充满了信心，她很快便脱颖而出。她就是获得 20 世纪世界最佳女子足球运动员称号的我国球星——孙雯。

后来，孙雯讲述这段往事时，感慨地说："一个人在人生的低谷中徘徊，感觉自己坚持不下去的时候，其实就是黎明来临的时候。只要你坚持一下，再坚持一下，前面肯定是一道亮丽的彩虹。"

"下一次就是你'，不仅给了我们希望，还告诉了我们在某些方面还有缺陷，仍需付出努力。常言道："磨刀不误砍柴工。"只要不断充实、完善自己，在逆境中绝不放弃，再坚持一下，那么，下一次见到彩虹的可能就是你。

对自己说：再试一次

成功需要付出百倍的努力，但很多人往往只付出了 99 倍便放弃了。没有坚持到底而让成功擦肩而过这不能不说是一种遗憾，其实，只要再坚持一下，成功便会到来。

也许，我们的人生总有波折，总有凄风冷雨迎面而来；也许，我们的成功之路总是那么坎坷。这时，我们要以勇敢者的气魄，坚定而自信地对自己说一声："再试一次。"

其实，坚持是一种习惯，是一种美德，更是通往成功的必经之路。很多时候，往往不是成功嫌弃我们，而是我们自己远离了成功。无数事实表明，只要肯坚持，就会获得最后的成功。

成功三律 荷花定律 金蝉定律 竹子定律

　　1943 年，美国人约翰森创办了《黑人文摘》杂志，杂志创刊之初，业界都不看好。为了扩大该杂志的发行量，约翰森准备做一些宣传。

　　约翰森想撰写一系列"假如我是黑人"的文章，希望白人可以换个角度，站在黑人的立场上来严肃地看待这个问题。他想，如果能请罗斯福总统的夫人埃莉诺来写这样一篇文章就最好不过了。于是，约翰森便给罗斯福总统的夫人寄去了一封态度恳切的信。

　　约翰森很快收到了罗斯福夫人的回信，信中表示她太忙，没时间写。但是约翰森并没有就此放弃，他又给她寄去了一封信，但她回信还是说太忙。两次的拒绝并没有让约翰森灰心，之后每隔半个月，约翰森都会准时给罗斯福夫人寄去一封信，言辞也愈加恳切。

　　不久，罗斯福夫人陪总统到约翰森所在的芝加哥市视察工作，并准备在该市停留两日。约翰森听到这个消息后，喜出望外，立刻给总统夫人发了一封电报，恳请她在有限的时间里，给《黑人文摘》写一篇文章。

　　罗斯福夫人这次没有再拒绝。她被感动了，被约翰森的执着打动了。

这个消息一传出去，全国沸腾。《黑人文摘》杂志在一个月内，销量由 2 万份增加到了 15 万份。后来，约翰森又出版了黑人系列杂志，开始经营书籍出版、广播电台、女性化妆品等事业，成为闻名全球的亿万富翁。

成功学家陈安之说："你到底是想要成功，还是一定要成功？'想要'跟'一定要'有绝对的差别，世界最顶尖的成功人士，都是一定要，而一般没有成功的人，都只是想要而已。我认为，成功有 3 个最重要的秘诀：第一是有强烈的欲望，第二还是要有强烈的欲望，第三还是要有强烈的欲望。"

事实上，成功从来都不是一条坦途，失败与挫折永远不可预料，我们要有"再试一次"的勇气与信心。再试一次，也许就能看到成功的曙光了。

正如陈安之所说："不管做什么事，只要放弃了就没有成功的机会；不放弃 就会一直拥有成功的希望。如果你有 99% 想要成功的欲望，却有 1% 想要放弃的念头，这样的人是没有办法成功的。人们经常在做了 90% 的工作后，放弃了最后让他们成功的 10%。这不但输掉了开始时的投资，更丧失了经由最后努力而发现宝藏的喜悦。"因此说，再试一次，你就有可能到达成功的彼岸；再试一次，成功就在眼前。

持之以恒，才能圆梦

许多人都有成就一番伟业的愿望，并为之奋斗，可成功者却屈指可数，究其原因，避开先天才智等条件不谈，持之以恒也是获得成功的一个非常重要的因素。

事实上改进有个原则，就是循序渐进地改进，哪怕这种改进是微不足道的，只要每天都有小小的进步，长久积累下来就有惊人的成就。成功者快乐的人生得益于不断成长、不断拓展的信念。

生活中有许多人做事最初都能保持旺盛的斗志，在这个阶段普通人与杰出的人是没有差别的。然而往往到最后一刻，顽强者与懈怠者便各自显现出来了，前者咬牙坚持到胜利，后者则丧失信心放弃了努力，于是得到了不同的结局。

要说成功有什么秘诀的话，那就是坚持，坚持，再坚持！

许多失败者的悲剧，就在于被前进道路上的迷雾遮住了眼睛，他们不懂得忍耐一下，不懂得再前跨一步就会豁然开朗，结果在胜利到来之前的那一刻，自己打败了自己，因而也就失去了应有的荣誉。

无可否认，每件事情往往到了最后关头，如同登珠穆朗玛峰般，总是异常艰险难走，然而正是由于充满了艰险，才使它后面的风光非同寻常，美丽无限，才使一个人的生命达到辉煌的境界。每一个想干一番事业的人，都不要放弃最后的努力，不要在成功到来之前丧失拼搏的勇气，相信胜利就在这片刻的忍耐之中，冲过这最后一道关口就会到达理想的境地。也许，即使在我们做出很大的努力之后，我们所渴望的成功仍然没有出现。但是，只要你真正努力了、拼搏了，你就不会一无所获，要知道，每一滴汗水都在表明你向着目标靠近时的付出！

美国有史以来最成功的500多位人士告诉人们，他们都是在遭受失败的打击以后获得成功的。失败是个骗子，狡猾又奸诈，它最喜欢在一个人接近成功之际，给你设置许多障碍；在你胜利欢欣鼓舞之际，给你一个意外的打击。

开创了一番伟业的美国著名成人教育家戴尔·卡耐基原本就是一个很普通的人，他曾经很自卑，但后来终于醒悟了，依靠不懈的奋斗精神改变了自己的命运。

卡耐基出生于一个贫苦农民家庭，从小就要帮助家里干活儿。全家人过的日子相当贫困。

　　童年的卡耐基深受母亲文化气息的影响。他母亲信教，婚前曾当过教员，所以母亲鼓励他一定要上学读书，希望他将来成为一名教员或是传教士。家境的贫穷促使少年时代的卡耐基以艰苦奋斗的精神去读书求学。1904 年，他考入了华伦斯堡的州立师范学院。每天放学回家，他还要帮助父母挤奶、伐木、喂猪。到了夜晚大多数人都进入梦乡时，他却在煤油灯下刻苦读书。为了赚取必不可少的学费、书费，他还经常给人家干活儿。但他不肯向现实屈服，总想寻求改变命运、出人头地的途径。

　　他发现学校里的同学中有两种人最受重视：一种是体育出色的人，如棒球队的球员；另一种就是口才出众的人，那些在辩论和演讲比赛中的获胜者。他知道自己的身体不够强壮，缺乏体育运动的才能，就决心在口才演讲方面下功夫，争取在比赛中获胜。他花了几个月的时间苦练演讲，但在比赛中一次又一次失败了。失望和灰心使他痛苦不堪，甚至使他想到自杀。然而他终究不肯认输，又继续努力，在第二年时便获胜了。这个突破为他以后的志向和事业埋下了理想的种子。一个教导人们如何演讲与交际的大师，想当初却在演讲比赛中屡遭失败。这个巨大的反差对于我们深刻领会卡耐基课程的思想内涵具有很重要的启示。

　　毕业后，卡耐基当过推销员，学过表演。推销工作使他赚到了钱，也锻炼了他的口才，但这种工作不是他的理想，他在大学里就梦想当一名作家或演说家，成就一番伟业。他认为只能赚钱谋生而不能实现理想的生活不是有意义的生活。于是，他决定白天读书写作，晚上去夜校，他很想教公众演讲课，因为他认识到口才与演讲对一个人走向成功极为重要，而他在这方面下过功夫，积累了许多丰富的经验。正是口才与演讲上的训练和经验，扫除了他以往的怯懦和自卑心理，使他有勇气和信心跟各种人打交道，增长了为人处世的才能。他要把他的亲身体会告诉给人们，他要从事口才、演讲与交际艺术的研究和教育，于是，他说服了纽约的一个基督教青年会的会长，同意他借用一间房子在晚上为商业界人士开设一个实用演讲培训班。从此，他开始了为之呕心沥血、奋斗终生的成人教育事业。

　　古今中外，众多的成功者并不是依赖机会或好运气，而是得力于他们坚韧不拔的意志。

　　要想在未来10年里成功，就别让外在力量影响你的行动，虽然你必须对他人的惊讶和你面对的竞争做出反应，但你必须每天按照你的既定计划向前迈进。只有持之以恒，才能成功圆梦。

人生总有曲折，不必太惊慌

诗人杨万里写过这样一首诗："莫言下岭便无难，赚得行人空喜欢，正入万山圈子里，一山放过一山拦。"人生的道路是曲折的。一路上，既留有得意者的欢欣，也淌过失意者的泪水。一路上，一帆风顺的幸运儿也许有，但少得可怜。可也正是由于曲折的生活，才使生命变得有意义。

德国铁腕首相俾斯麦说过："对于不屈不挠的人来说，没有失败这回事。"其实，生活中难免会遭遇挫折，但每一个困难与挫折，都是上天赐予我们检验自身的机会，所以，当我们跌倒时，不必惊慌与难过，勇敢一些，鼓励自己站起来，继续前进，直到成功。

请你坚持你的目标吧，不要犹豫不前。当然也不能太生硬，如果你确实感到行不通的话就尝试另一种方式。但一般情况下，不必这样。

爱默生说："伟大高贵人物最明显的标志，就是他坚定的意志，不管环境变化到何种地步，他的初衷与希望，仍然不会有丝毫的改变，而终将克服障碍，以达到所企望的目的。"

"跌倒了再站起来，在失败中求胜利。"无数伟人都是这样成功的。

爱尔兰腰缠万贯、拥有豪宅的高尔文出身于农民家庭，年轻的时候是一个身强力壮的农家子弟，他在生活中充满进取精神。第一次世界大战以后，高尔文从部队复员回家，他在威斯康星办起了一家公司，可是无论他怎么努力，公司产品一直打不开销路。有一天，高尔文离开厂房去吃午餐，回来只见大门上了锁，公司被查封了。

1926 年他又跟合伙人做起收音机生意来。当时，全美国的收音机行业刚起步，数量不多，预计两年后将扩大 100 倍。但这些收音机都是用电池当作电源的。于是他们想发明一种灯丝电源整流器来代替电池，这个想法本来不错，但产品还是打不开销路。眼看着生意一天天走下坡路，他们似乎又要停业关门了。高尔文通过邮购销售的办法招揽了一大批客户。他手里一有了钱，就办起专门制造整流器和交流电真空管收音机的公司。可是不出 3 年，高尔文还是破产了。这时他已陷入绝境，只剩下最后一个挣扎的机会了。当时他一心想把收音机装在汽车上，但许多技术上的困难有待克服。到 1930 年底，他的制造厂账面上已净欠 374 万美元。在一个周末的晚上，他回到家，妻子正等着他拿钱来买食物、交房租，可他摸遍全身只有 24 块钱，还是借来的。

最后经过多年坚持不懈的努力，高尔文终于取得了令人瞩目的成就。

高尔文的成功源于他对事业毫不松懈的追求以及一股不服输的超人勇气。经受挫折，对成功太重要了。

挫折与失败并不能保证你会得到完全绽开的利益花朵，它只提供利益的种子，你必须找出这颗种子，并且以明确的目标给它养分并栽培它。这样，它才能开出绚烂的花朵。

那些百折不挠、牢牢掌握目标的人，都已经具备了成功的要素。拿破仑·希尔指出，下面几个建议一旦和你的毅力相结合，你期望的结果便更易于获得。

你如果认为困难无法解决，就会真的找不到出路。因此一定要拒绝"无能为力"的想法，告诉自己"总会有别的办法可以办到"。我们时常钻进牛角尖而不可自拔，因而看不到新的解决方法。拿破仑·希尔以前的一个同事，每个月都跟太太到郊外度假 3 天。他发现，暂时放下手边的工作换一下气氛，然后再重新开始，可以提高他的工作效率，因而在客户心目中显得更能干。当你遇到重大的难题时，不要马上放弃，先放下手边的工作换换气氛。当你回来重新面对原有的难题时，答案便会不请自来了。

人们几乎都参加过或见过攀岩运动。攀登峭壁的人从不左顾右盼，更不会向脚下——万丈深渊看上一眼，他们只是聚精会神地观察着眼前向上延伸的石壁，寻找下一个最牢固的支撑点，摸索通向巅峰的最佳路线。同一个办法对你也能有所帮助。每逢做事时，不要把注意力放在你面前的整个任务上，最好先拟订第一个步骤——它必须是你确信自己能完成的，之后再拟订第二个、第三个，如此各个击破，最终达到自己的目标。

无论你做了多少准备，有一点是不容置疑的：当你进行新的尝试时，你可能犯错误，不管作家、运动员或是企业家，只要不断对自己提出更高的要求，都难免失败。但失败并非罪过，重要的是从中吸取教训。

因此，那些跌倒了爬起来，再上场一拼的人，才会在生意场中获得成功。

成功三律 荷花定律 金蝉定律 竹子定律

余大飞总裁说:"每个人都会有一种惯性思维,就是在挫折面前,耐心等待并不是一种美德,因为在当今社会,假如你被解雇了,公司不会主动找到你,雇用你。如果你不采取行动,只是静候佳音,那将是你所能做的所有事情中最糟糕的选择。等待只会浪费时间,坐失机会。等待的结果,最后会使你受制于不可抗拒的力量,而使情况更加棘手。如果你想解决问题,你必须负起责任,不要期待别人拔刀相助。相信你自己解决问题的能力,如果期待别人的帮助,你只会得到失望,更糟糕的是你可能变得愤世嫉俗而一事无成。商机亦是如此,因为你的想法是通常不被人认可的,我非常的佩服马云,因为他就是一个可以力排众议的人!"

你一旦受到周围消极思想的影响,想要再建立起积极的态度几乎是不可能的。遇到问题,你应该冷静下来,想一想是不是曾经有其他人遭遇过类似的问题,却成功地克服了。俗话说:"打蛇要打在七寸上。""七寸"就是蛇的致命处。我们对待问题,也要把握住问题的"七寸",才能把问题"置于死地"。当你考虑积极解决问题的时候,你已经激发了行动的力量,于是你不禁想问:"到底如何行动?"但我的回答是:"就如你抓一只兔子一样行动。"这句话的意思是:要到兔子经常出没的地方去，然后拿出自己抓兔子的本领。

想要排除挫折时，援助常常来自外界，不要羞于开口，而错失可能的帮助。拒绝或忽视可能的帮助，只会导致失败。

你应积极地思考，诚实地提出你的问题，倾听别人的回答，广求建议，这样，你的问题也就可以顺利解决了。大多数人的失败，不是因为他们缺乏智慧、能力、机会和才智，而往往在于没有全力以赴。即使生活平淡无奇，只要拥有足够的热忱，任何人都可能成功。

青年作家陈建功说："只要星星还在天空闪烁，我们就不必害怕生活的坎坷。"既然人生如此曲折，那我们畏首畏尾又有何用？倒不如昂首挺胸，大步前进为好。我们所经历的每一次曲折，都能鼓舞人心，给人希望，激人奋进。如果人生是平坦大道，那么又何来奋斗之艰辛，何来成功之喜悦呢？那么我们的人生又有何意义呢？

失败，是为了锻造金身

不要过"跳蚤人生"

有个科学家进行了一个试验，将一只跳蚤放入一个盖有透明盖子的玻璃瓶内，起初，为了逃出禁锢自己的牢笼，小跳蚤还拿身子不停地撞击那个瓶盖，然而不管它如何撞击，都无法撞开，只是徒然伤害自己而已！慢慢地，它停止了撞击，开始在瓶盖下方无奈地跳动。

第二天，科学家把盖子轻轻拿掉，但是跳蚤不知道盖子已经拿掉了，它还是在原来的那个高度跳。一周以后，这只可怜的跳蚤还在玻璃瓶里不停地跳着——由一只无拘无束的跳蚤变为了一只悲哀的跳蚤！

不少人都为这只跳蚤感到可悲，不过碰了几次壁而已，干吗就放弃了！请你不要嘲笑这只可怜的跳蚤，在现实生活中，很多人也同样过着这种"跳蚤人生"，年轻时意气风发，屡屡去追求成功，且事与愿违，失败每每登门拜访时，他们不是埋怨人世的不公，就是质疑本身的能力。他们不是不惜一切代价去追求成功，而是一再地降低成功的标准，因为几次失败，就不敢再"跳"，不想再"跳"了。

甚至在某些时候，人们因为畏惧不去追求成功，而愿意忍受失败者的生活。莫非跳蚤确实跳不出这个瓶子？绝对不是。只是它的心里已经默认了这个瓶子的高度是自己无法逾越的。很多人不敢去追求成功，不是追求不到成功，而是因为他们的心里面已默认了一个"高度"，这一高度常常暗示着他们：不可能取得成功。因此，果真不可能取得成功。

人不应该提前为自己设置高度，那只会阻碍自己前进的步伐，满怀豪情吧。这个世界上没有什么你做不到的事情。俗话说："天下无难事，只怕有心人。"蒲松龄也说过："有志者事竟成，破釜沉舟，百二秦关终属楚；苦心人天不负，卧薪尝胆，三千越甲可吞吴。"你有这样的决心吗？

从前有个农场主，他的一个农场位于西雅图，不过农场里有很多石头。那些石头看起来很大，看样子就知道一定深深地根植于大地上，想要搬开简直不可能。于是他觉得这块农场没什么用了，便把这块农场低价卖给了一个农夫。

农夫钱不多，因此只能买非常廉价的农场，而这个农场的价格对他而言就特别合适。因为它很大，只要没有了那些石头，应该能生产很多粮食。买下来后，农夫带着儿子们在农场里劳动，让他们把这些碍事的石头搬走。奇迹发生了，他们只用了不长时间，就弄走了所有的石头。因为这些石头虽然看起来巨大，但埋得并不深，只要往下挖一英尺，就可以把它们晃动。

从这件事中我们不难发现这样的道理：有些事情，一些人之所以不去做，只是因为他们认为不可能。实际上，有很多不可能仅仅是人们想象的而已。

世间不存在能够确定无疑或确保成功的事情。成功的人和失败的人的区别，不在于主意的好坏、能力的大小，而在于是否相信自己的判断，并敢于冒险。

世界文学大师巴尔扎克原本主攻法律，但大学毕业后想成为作家。他对父亲让他做律师的忠言充耳不闻，父子关系搞得很紧张。

不久，父亲便不再向他提供任何生活费用，这使他陷入了困境，最困难的时候，他甚至只能吃点儿干面包以及喝点儿白开水，但他勇敢地接受了这一切。每当就餐时，他在桌子上画一只只盘子，并将"香肠""火腿""奶酪""牛排"

等字样写在上面，随即在幻想的喜悦中狼吞虎咽。更令人惊奇的是，也正是这段最为"狼狈"的日子里，他破费 700 法郎买了一根镶有玛瑙石的粗大的手杖，并在手杖上刻了一行字：我将粉碎一切障碍。

这句气势磅礴的壮语支持着他。后来的事实证明，他真的获得了巨大的成功。在人世间，有知识也要有胆魄，才能大有作为。

屡败屡战终成功

古往今来，每一个有所成就的成功者，人们提到他们往往都羡慕不已，但你是否知道，几乎他们中的每一个人都经历过失败的考验。

所有的成功都伴随着一定意义上的艰难，没有人能随随便便成功。在通往成功的道路上，几乎每一个人都不可避免地要遇到失败，就像一个人要生存就必须经历白天和夜晚一样，逆境就等于是晚上。想要成功，首先要学会如何面对失败。有些人在失败面前一蹶不振，有些人踏着失败勇往直前。必须看到，正确对待失败的打击，并且把它当作成功的垫脚石，这才是我们通往成功的重要因素。

日本著名指挥家小泽征尔的故事也许会给我们一些启迪。

小泽征尔被誉为"世界三大东方指挥家"之一，他出生于中国，父亲早年在中国东北做牙科医生。6岁时，小泽征尔随全家返回日本。少年时代的小泽征尔就显露出了音乐天赋，他喜爱听音乐，尤其喜爱听交响乐。有一次他和父母去听音乐会，当时就被指挥家列昂尼德·克鲁采尔的指挥风采深深迷住了。他暗暗想：我一定要成为列昂尼德·克鲁采尔那样的指挥家。

1951年4月，小泽征尔正式考入了桐朋学园音乐系。其间，他还受到了日本著名指挥教育家斋藤秀雄的悉心教导。1959年，高中毕业的小泽征尔选择了出国深造。从马赛到巴黎，他感受到了艺术之乡的巨大魅力。小泽征尔的艺术之路是一帆风顺的。机缘巧合，他参加了贝桑松国际指挥比赛，并一举夺冠。之后，他又连续两次赢得了伯克郡音乐节和卡拉扬主持的指挥比赛奖。被人们称为"音乐魔术大师"的世界著名指挥家卡拉扬很欣赏小泽征尔，亲自指点他。

在巴黎的两年里，小泽征尔进步很快，他已经成为一个相当引人注目的年轻音乐指挥家，并被纽约爱乐乐团聘为副指挥。

至此为止，小泽征尔的成功之路走得看似很顺利，但接下来他也遭遇了失败的巨大打击。

1962 年，小泽征尔从巴黎返回日本，并受聘担任了日本广播公司交响乐团的常任指挥。可是，小泽征尔太年轻了，乐团中的一些成员对他不服气。他们根本不想听从小泽征尔的指挥，所以罢演了。开阔的剧场里，小泽征尔独自站在指挥台上，这给年轻气盛的小泽征尔带来了致命的伤害。他怎么都没想到，辛苦学本事，回到日本却遭到如此的冷遇，这简直是奇耻大辱。

小泽征尔无法面对这个局面，所以毅然离开了日本，开始了漂泊，并发誓永远不再回来。他不相信自己会是个失败者，他决心做出卓越的成绩给那些瞧不起他的人看看。

他来到美国，更加努力地学习，不仅担任了芝加哥乐团维尼亚青年节的指挥，还兼任加拿大多伦多乐团的指挥。他一点点积累经验，不断打磨着自己的指挥技艺。5 年之后，他离开了美国，开始在世界各地旅行，并经常担任客座指挥。他的足迹遍布世界各地，他广泛涉猎，对不同的音乐流派、艺术风格都有所了解，经过整合，他最终形成了自己的风格。从此以后，小泽征尔真正出名了，他指挥的音乐会大受欢迎，西方舆论界称他为"当今世界著名指挥家"。

事实上，小泽征尔一直都记得 1962 年的那次失败，他不敢松

成功三律 荷花定律 金蝉定律 竹子定律

懈，仍然对自己严格要求：每天凌晨 1 点左右睡觉，早晨 5 点起床。除了指挥音乐会以外，他把大部分时间都用在了研习乐谱上。

1972 年，小泽征尔被聘为世界一流交响乐团——波士顿交响乐团的常任指挥，小泽征尔通过自己的艰苦努力，终于登上了世界音乐高峰。如果没有当初的"小泽事件"，会有今日的小泽征尔吗？如果小泽征尔在一次失败后就自暴自弃，而不是更加努力精进自己的技艺，那么他今天还能够敲开波士顿交响乐团的大门吗？所以，失败并不可怕，可怕的是没有承受失败的能力。小泽征尔面对失败，表现出了更加奋进的努力姿态，他不甘失败，所以最终才有机会把失败踩在脚下，缔造了奋斗者的神话。

失败与成功往往是相辅相成的，只要正确看待失败、面对失败，失败也能成为成功的垫脚石。一次失败并不是真正的失败，不能从中吸取教训，那才是真正的失败。有谚语说："再平的路也会有几块石头。"一个人要想超越别人，并非难事，要想超越自己却不那么容易。我们要始终抱着积极的态度，纵使失败了一次又一次，我们也要相信我们拥有扭转的能力。别忘了，每个人都不免会碰上麻烦、问题、挫折和失望，我们怎样去面对，就注定会有怎样的人生。

"屡败屡战"古来有之，这个故事我们或许都听说过。故事讲的是一个在外与敌国作战的将军，由于种种原因他总是吃败仗。在又一次被敌人打败之后，他给皇帝写了一份奏折，说明了战斗情况，并请求援兵。在奏折上，他写道"臣屡战屡败，……"，他的上级先看到了这个奏折，觉得用词不妥，于是思来想去，最后将奏折上的这句话改为了"臣屡败屡战，……"，还是原来的 5 个字，但顺序一变，意思也变了，原本败军之将的狼狈瞬间就变为英雄的百折不挠。

由此可见"屡败屡战"让人感觉到的是一种精神，一种决不轻言放弃、决不会被挫折击倒的精神。无论在生活上还是工作上，我们都要有这种屡败屡战的精神，不因一时的失败而沮丧，要一直以顽强的姿态奋力向上，这才是勇者对待人生的正确态度。

"失败"有失败的意义

成功的人能够认识到，失败其实是一种学习的经验，是成功的养分。人人都经历过失败的挫折，但一切迂回的路都绝不是白费的。在人生的旅途中，你每走一步，就必定会得一步的经验——不管这一步是对还是错，"对"有对的收获，"错"有错的教训。绕远路、走错路的结果使你恰好迷路走入深山，别人为你焦急惋惜之际，你却采集了一些珍奇的花果，猎得了一些罕见的鸟兽，而且你多认了一段路，多锻炼出一份坚强和胆量。

美国哲学家杜威说："失败是一种教育，知道什么是思索的人，不管他是成功或失败，都能学到很多东西。"失败的滋味是苦涩的，但所包含的道理却是甘甜的。失败和成功都有价值，失败的价值可能更大一些。成功了，一般人疏于思索，易于自满；失败了，则须面对挑战，跨越失败，跨越困境，最终走向成功和完美。

张华是一名通过自学考试获得文凭的大专生。刚开始时，她到一个招聘文职人员的企业应聘。招聘过程十分简单，就是让每个应聘者讲一则生活、工作中失败的故事；应聘者当中不乏博士、硕士，但最终那家企业只录用了张华。

为什么会这样呢？应聘时张华讲了这样一则故事：她先前在一家乡镇企业做文秘工作。公司不是很大，只有200多人。老板有一个习惯，就是每个星期一早上要例行向员工讲一次话。有一次，原先起草发言稿的秘书生病了，写稿的任务就交给了她，她按照老板交代的思路很认真地写了，而且在星期一早上准时把发言稿交到了老板的手中。然而，谁知老板念稿时，读错了几个字，引得哄堂大笑。老板很生气，便将她辞了。

张华虽然被辞了，但她没有立即离开，她想为什么老板会念错字呢？经打听才知道，老板只有小学文化程度。为此，她很自责，她说，要是在那些难认的字旁注上同音字就好了。她不怪老板辞退了她，而怪自己主动性不够，对老板的基本情况不了解，这是做文秘工作的大忌，因此犯错误是早晚的事。

人非圣贤，孰能无过。人只有经历失败，并利用失败，才会变得聪明。正象一位伟人说的，错误和挫折使我们变得聪明起来。失败不是人生的终点，挫折才是人生最大的财富。成功往往青睐失败过的人，不断从失败中走出的人要比从成功中走出的人辉煌得多。电灯泡的发明是因为托马斯·爱迪生经历过 1000 多次失败后仍不放弃。如果你被失败纠缠，你就这么理解它：这同样是成功，因为你获得了经验。

1958 年，有一个叫富兰克·卡纳利的人，在自家的杂货店对面开了一个比萨饼屋，为的是能够通过经营这个比萨饼屋，筹措到他上大学的学费。连他自己也想不到的是，19 年后，他的比萨饼屋已经在各国开到了 3100 家，成了一个跨国连锁企业，总值达到 3 亿美元。这 3100 家连锁店就是赫赫有名的必胜客。

若干年后，卡纳利在回顾他的连锁店是如何发展起来的时候说："你必须学习失败。我做过的行业不下 50 种，这中间只有 15 种做得还算不错，表示我有 30% 的成功率。"对此，卡纳利认为，你必须出击，尤其是在失败之后更要出击。你根本不能确定你什么时候会成功，所以你必须先学会失败。

美国纽约有一个失败产品博物馆，展出 8 万多件不受消费者欢迎的产品，这些"失败杰作"或因质量低劣，或因价格昂贵，或因品牌不响，或因款式不新，故被消费者冷落、抛弃。

令人感动的是，生产失败产品的厂家总裁，满脸虔诚地面对"上帝"，向参观者征询投诉、意见、建议和要求。

可以说，这些面对"失败"，尤其是敢于向人们公开地坦白自己的失败的人从此时开始就已经走上了成功之路。

日本成功企业家松下幸之助认为："面对挫折，不要失望，要拿出勇气来！扎扎实实地坚持向既定的目标前进，自然会有办法出现。"他还认为："一个人如果能够心无旁骛，专心致志，保持精神的沉静和坚定，不因一时的挫折而丧失斗志，那么，世间是没有什么事情办不成的。"或许，这就是"失败是成功之母"的真谛。

自古以来，先贤们不仅看重成功而且更重视失败，还留下了"吃一堑，长一智"的至理名言。正视"败"，看重"败"，并不等于喜欢"败"，而是客观辩证地认识胜与败的关系，善于从"败"中吸取教训，进而努力转败为胜。从这个意义上讲，知"败"者才可能少败而多胜。

一位学者在美国求学时，曾经参加了一次学校组织的听500强企业总裁谈成功经验的报告会，令所有人没有想到的是，那位总裁一开口的第一句话却是："与其说我是来同你们一起谈论成功的经验的，还不如说是谈谈失败的过程，因为所有的成功都是建立在失败之上的。"

泰戈尔哲理诗中有句名言："当你把所有的错误都关在门外，真理也就被拒绝了。"这话意味深长且发人深省，向世人揭示出错误与失败也有不菲的价值。

当失败降临到你头上时，你做的第一件事是什么？是指天骂地，还是借酒消愁，甚至是破罐子破摔。在人生中，没有永远的失败，也没有岩石般坚固的成功。失败往往是成功的必经之路，成功者与失败者的区别仅仅在于：在众多次跌倒中，成功者比失败者多爬起来一次。

人生的道路是不平坦的。无论是在工作中还是在生活中，人人都会遇到一些阻碍或者坎坷，有些是无形的，有些是有形的。人的一生其实就是在不断的失败中获得成功的一生。

要么不行路、不做事，而行路、做事就避免不了失败。面对失败，需要的是沉着冷静，理智对待，从失败中吸取经验和教训，以失败为镜子，时时警诫自己。日积月累的经验和教训，如同一把金钥匙，为你开启成功之门。

跌倒就站起来，不要做懦夫

当挫折的阴影像一片乌云一样将太阳挡住，遮掩了你的视线，不要不知所措，也不要焦灼，你要坚信乌云是不会永远遮住太阳的，摔倒了之后再次爬起来，如婴儿一样，必须在千百次的跌倒之后，才能成功地走稳入世之路。

人们常说世间之事不如意者十之八九。每个人都会有意料之外的失败，这是很正常的，若是一遇到意外事件就悲观起来，这对自己是相当不利的。

人这一生时常会陷入很多困境，这是在所难免的。倘若没有经历这些困境，世间的真相你就根本无从了解。俗话说："失败乃成功之母。"因而可以说，跌倒是站起来的开端。其实我们不应该害怕跌倒，但是要知道尽量不要让自己受到伤害，也不要想着靠他人来帮你一把，这一点极其关键，因为这是你跌倒后能否站起来的前提条件。有些人在跌倒之后就会表现出惊恐畏惧、茫然不知所措，也许从此会意志消沉，再也站不起来了，这都是懦夫的行为。

有个泰国企业家，玩腻了股票后，转而去炒作房地产。他把所有的积蓄和银行贷款全部投资在曼谷郊外一个备有高尔夫球场的 15 幢别墅里。没想到，别墅刚刚盖好时，时运不济的他却遇上了亚洲金融风暴，别墅一间也没有卖出去，连贷款也无法还清。企业家只好眼睁睁地看着别墅被银行查封拍卖，甚至连自己安身的居所也被拿去抵押还债了。

情绪低落的企业家完全失去斗志，他怎么也没料到，从未失手过的自己居然会陷入如此困境。一开始他是承受不起此番沉重打击的，在他眼里，只能看到现在的失败，且不能忘记自己以前所拥有过的辉煌。

有一天，他坐在早餐店里，忽然灵光一闪，想起太太亲手做的美味三明治，决定要振作起来，重新开始。当他向太太提议从头开始时，太太也非常支持他，还建议丈夫亲自到街上叫卖。企业家经过一番思索，终于下定决心行动。从此，在曼谷的街头，每天早上大家都会看见一个头戴小白帽、胸前挂着售货箱的小贩沿街叫卖三明治。

"一个昔日的亿万富翁，今日沿街叫卖三明治"的消息很快传播开来，购买三明治的人也越来越多。这些人中有的是出于好奇，也有的是因为同情，当然更多人是因为三明治的独特口味，慕名而来。从此，三明治的生意越做越大，企业家也很快地走出了人生困境。

他之所以能失而复得，是因为在曾经的失败向他发起挑战时，他没忘记先将身上的灰尘拍落，然后再轻轻松松地应对失败的挑战。这个企业家名叫施利华，几年来他以不屈不挠的奋斗精神获得了人们的尊重，后来更被评选为"泰国十大杰出企业家"之首。

人生的状态犹如数学中的曲线函数，当数值到达最低点后，接下来的必然是一个再次回升的阶段。失败，只是人生函数中的一种相对状态。在这个时候，谁能积蓄能量，不消沉，不堕落，不执着于从前的成功，谁就能在未来获得丰厚的回报。不要局限于自己前进的路，机会只会留给肯付出的人；也别局限于自己曾经甚至眼前的困境，任何时候都是你重新开始的最好时机。忘记过去的成功与失败，给自己一个全新的开始，我们便会从未来的朝阳里看见另一次成功的契机。

西吉奥·齐曼在 1984 年接到可口可乐公司的委任状，让他负责扭转可口可乐在与百事可乐竞争中的劣势。齐曼的策略是改换原来可乐的配方，并将其取名为"新可乐"，并加大了宣传力度，大量地做广告。可是他的这一策略存在着一个漏洞，就是没有在市场上继续推销旧可乐，这样的结果让有些人认为是由于他太相信自己所造成的。

新可乐刚刚在市场上销售 79 天，用旧配方所制成的可口可乐就又重新返回了超级市场，被称为传统可乐。齐曼遭受了重大的打击，于一年后在可口可乐公司离职了。

齐曼从可口可乐公司离职后，有 14 个月的时间没有联系该公司的任何一个人。他后来说道："那时候我感觉很孤独、很寂寞。"但他并未与世隔绝，还是会和社会上的人来往。他在亚特兰大自己家的地下室与人合伙开了一家顾问公司，公司的设备非常简单，仅仅只有一台电脑、一部电话、一部传真机而已，微软电脑公司和米勒·布鲁恩公司等就是他的客户，其座右铭是：打破一切传统，勇于冒险创新。

后来，过了一段时间，甚至可口可乐公司也成了他的客户，向他咨询，齐曼惊奇地说道："可口可乐公司竟然会找我回去，这是我连做梦也不会梦到的。"管理高层对他说，他们十分需要他的帮助。罗伯罗·戈雪艾特——可口可乐公司的总裁曾说："一直以来，我们要求我们的职员不许犯错误，因而竞争能力逐渐缺乏。这样就不可避免地发生一个人在行动时跌倒的情形。"事情确实如此，失败是在为成功奠定基础。

一个人只要他不站立起来，那他肯定就不会担心被东西撞倒。可是倘若他想做点儿什么事情的话，那他就必须站起来行走，在行动的过程中就很可能会被路上的石头绊倒而摔跤，被路旁的树枝意外地弄伤，这是不可避免的。事实上，这并不算什么，因为经历了这种挫折，以后当你再走路或者跑步时便会留心注意了。当然，只要有坚持到底的决心和毅力，跌倒了又有什么关系呢？重新站起来，所有的一切都可以重新再来。

"人生的光荣和骄傲不在于永远没有失败，而在于能够屡败屡战，这才是值得自豪的。"这是拿破仑的名言。成功之人不是从未被失败打倒过，而是他们在被打倒之后，依然能够乐观积极地向成功之路继续前进。

那些真正取得了成功的人以及真正的生活的强者不会整天垂头丧气，即使在前进的路上遇到种种困难与障碍，他们仍然会从容不迫、平心静气地做自己应该做的事。尽管努力拼搏不能使困难消退，但却有助于检验和增强我们的毅力和恒心，带来积极的、令人欣慰的结果。不要总是问自己："我输了吗？"而是应该问自己："接下来什么事是我应该做的？"

卡尔·耶垂斯基是波士顿红袜队的一名垒球手，他在1929年夏天成功地成为棒球史上第 15 个击出 3000 次本垒打的人。他成了媒体的宠儿，在他破纪录的前一周数百名记者就开始对他的一举一动进行报道。其中有一个记者问他："耶垂斯基，难道你对这些成绩不感到畏惧，不害怕它们使你发挥不出你应有的水平吗？"耶垂斯基平静地答道："我认为在我的运动生涯中，我所打出去的球数有 1 万多次，换句话说我已经失败了 7000 多次，仅凭这个事实我就不会再发挥失常了。"

跌倒后重新站起来，这才是能够实现自我生命价值的人生态度！有人看到一个溜冰的孩子，于是问他是怎样学会溜冰的，那个孩子告诉他说："哦，跌倒后再爬起来，再跌倒再爬起来，这样就可以学会了。"个人所取得的成功，军队所取得的胜利，其实就是这样一种精神的诠释：跌倒并不等于失败，跌倒之后再也站不起来，这才是真正的失败。

经验会让你反败为胜

美国商界流传着这样一句话："如果一个人从未破产过，那他只是个小人物；如果破产过一次，他很可能是个失败者；如果破产过 3 次，那他就完全有可能无往不胜。"

失败是一个人非常宝贵的财富，因为它为你积累了丰富

成功三律 荷花定律 金蝉定律 竹子定律

的经验。失败，表示你在支付学费，你在学习不败之法。或者说，失败在郑重地提醒你改变一下行为方式或准确地告诉你"此路不通，另寻他径"，通过新的选择，开辟新的成功之路。

"我在这儿已经工作了 30 年，"一位员工抱怨他没有升职，"我比你提拔的许多人多了 20 年的经验。"

"不对，"老板说，"你只有一年的经验，你没有从自己的错误中学到任何经验，你仍在犯你第一年刚刚开始工作时的错误。"

即使是一些小小的错误，你都应该从中学到些什么。

"我们浪费了太多的时间，"一位年轻的助手对爱迪生说，"我们已经试了 2 万次了，仍然没找到可以做白炽灯丝的物质！"

"不！"这位天才回答，"我们已知有 2 万种不能当白炽灯丝的物质。"

这种精神使爱迪生终于找到了钨丝，发明了电灯。

成功的人会从失败中吸取教训，失败者是一再失败，却不能从中获得任何经验和教训。

失败并不可怕，失败之后不能将自己的经验升华，使它在你生命中具有新的价值，这才是最可怕的。

成功者与失败者最大的不同，就在于前者珍惜失败的经验，他们善于从失败中吸取教训，百折不挠，锲而不舍，努力战胜一时的失败，反败为胜，获得更大的胜利；后者一旦遭遇失败的打击，就坠入痛苦的深渊中，不能自拔，每天闷闷不乐、自怨自艾，直至自我毁灭。

石油大王洛克菲勒曾经说："你要成功，就要忍受一次次的失败。"

在职场打拼，失败不可避免，失败是件好事，只要不轻易放弃，继续努力，不断行动，总有一天你会从"孤独之狼"变成优秀的狼，大踏步走上成功之路。

在职场的旅途中，我们必须以乐观的态度来面对失败，因为在人生之路上，一帆风顺者少，曲折坎坷者多，成功是由无数次失败组成的。正如美国通用电气公司创始人沃特所说："通向成功的路就是：把你失败的次数增加一倍。"

许多杰出的人物，许多名垂青史的成功者，并不是得益于旗开得胜的顺畅、马到成功的得意，反而是失败造就了他们。

正如孟子所说："天将降大任于斯人也，必先苦其心志，劳其筋骨，饿其体肤，空乏其身，行拂乱其所为，所以动心忍性，曾（增）益其所不能。"

孟子所说的这番话，重点就是：一个人要有所成，有所大成，就必须忍受失败的折磨，在失败中锻炼自己、丰富自己、完善自己，使自己更强大、更稳健。

挫折是拦不住敢拼之人的

李·艾柯卡以前是福特汽车公司的总经理，以后又成了克莱斯勒汽车公司的总经理。李·艾柯卡很聪明，他喜欢这句话："拼搏进取。纵使面对厄运，也不准放弃，甚至是天塌了也一样。" 1985 年他写了自传，该书很快就成了非小说类书刊中最畅销的书，刊印数高达 150 万册。

李·艾柯卡不光有成功的欢乐，也有失败的懊丧。他的一生，用他自己的话来说，叫作"苦乐参半"。1946 年 8 月，21 岁的李·艾柯卡到福特汽车公司当了一名见习工程师。但他对和机器做伴、做技术工作不感兴趣。他爱结交，善于沟通，想搞推销。

李·艾柯卡靠自己的奋斗，由一名普通的推销员，终于当上了福特公司的总经理。但是，1978 年 7 月 13 日，他被妒火中烧的大老板亨利·福特开除了。当了 8 年的总经理、在福特公司工作已 32 年、一帆风顺、从来没有在别的地方工作过的李·艾柯卡，突然间失业了。昨天他还是英雄，今天却好像成了麻风病患者。人人都远远避开他。过去公司里的所有朋友都抛弃了他。这一次算是他一生之中最沉重的打击。"艰苦的日子一旦来临，我们就得稳住心神，除了咬紧牙关尽其所能外，实在别无选择。"李·艾柯卡是这么说的，也是这么做的，他没有倒下去。他接受了一个新的挑战：应聘到濒临破产的克莱斯勒汽车公司任总经理。

李·艾柯卡，这位在世界第二大汽车公司当了 8 年总经理的事业上的强者，凭他的智慧、胆识和魄力，大刀阔斧地对企业进行了整顿、改革，并向政府求援，舌战国会议员，取得了巨额贷款，重振了企业雄风。1983 年 8 月 15 日，李·艾柯卡把面额高达 8 亿 1348 万美元的支票交到银行代表手里。至此，克莱斯勒还清了所有债务。而恰恰是 5 年前的这一天，亨利·福特开除了他。

要是李·艾柯卡没有坚毅的品行，缺少勇气去接受下一个挑战的话，各种困难早就把他打垮了，那样的他和一般的失业工人就完全一样了。拼搏进取、不畏艰险的精神，使李·艾柯卡成了工业史上的一代枭雄。

德国天文学家开普勒，是个只在母腹中待了 7 个月的早产儿。他一降生，就连遭不幸：天花使他成了麻子脸，猩红热又弄坏了他的眼睛。父母对这个多灾多难的小生命没有爱和温暖，不愿负责任。因此，陪伴着他度过一生的，除了宇宙和星辰，剩下的就是贫困和疾病。

早在童年时期，开普勒的求知欲和上进心就极为旺盛。他的学习成绩一直在同学中遥遥领先。正当瘦弱多病的开普勒尽情地遨游在知识的海洋里的时候，不幸的事情再次降临到他的头上：父亲因为负债累累，不能继续供他读书。失学之后，他只能到自家经营的小客栈里提酒桶、打杂。但是，他始终没有放弃学习。

成家之后，开普勒更加发愤地从事天文学方面的研究。他把自己写的书寄给远在布拉格的天文学家第谷·布拉赫。布拉赫对他很关注，回信表示欢迎他去布拉格。

去布拉格的路程是遥远的，妻子担心开普勒的身体受不了，劝他放弃此行。他果断地说："无论怎样我们一定要去！"

在途中，开普勒病倒了。在一家乡村小客栈里，他们住了几个星期。病人要买药，妻儿要吃饭，而周围又没有一个亲人，带的一点儿路费早就花完了。绝望中，开普勒只好向第谷·布拉赫求救。多亏这位同行慷慨相助，雪中送炭，这才使他们一家活着熬到了布拉格。

在布拉格，开普勒竭力研究火星，想揭开它的秘密。这一时期，是他一生中最快乐的时光。可惜，好景不长，他的益友布拉赫溘然长逝。这不但在事业上使开普勒遭到严重损失，而且使他一家的生活又陷入困境。

有人说："开普勒的一生，大半是孤独地奋斗……布拉赫的后面有国王，伽利略的后面有公爵，牛顿的后面有政府，但是开普勒的后面只有疾病和贫困。"

然而，没有任何阻碍能止住开普勒。他倒了，又站起来。他失败了，失败了，失败了……但是他把这些失败收拾起来，建成一个高塔，终于抓着了天体运动的三大定律。

逆境，是为了绝地生花

人是不会被打败的

有一位智者曾经说过："你不可能遇到一个从来没有遭受过失败或打击的人。"他也同样发现，人们的成就高低，和他们遭遇逆境、克服失败和打击的程度成正比。人生有两个重要的事实是非常明显的：第一，每个人都会遇到逆境。第二，失败中总有成功的契机，但是你必须自己去发掘。从这两个事实中，不难看出造物主要我们由奋斗中获得力量，领悟由弱而强的真义——逆境及失败使我们累积智慧、努力不懈，是一个人由弱而强的"金种子"。

人的一生是不可能一帆风顺的，总会存在着这样或那样的挫折和困难。也正因为如此，很多人在面对挫折与困难时丧失了挑战的勇气，从此甘于平庸；而有些人则凭着自己顽强不屈的性格勇敢地挑战挫折和困难，并最终取得了胜利。

还真有这么一个硬汉，在种种逆境中凭着一股顽强的斗志硬是渡过了所有的难关，并成就了一番事业。他 14 岁走进拳击场，满脸鲜血，可也不肯倒下；19 岁走上战场，200 多块弹头弹片，没有让他倒下；无数的退稿、无数的失败，无法打倒他；两次飞机失事，他都从大火中站了起来；最后，因不愿成为无能的弱者，他用猎枪打死了自己。他就是美国杰出的小说家、诺贝尔文学奖获得者海明威。

1899 年 7 月 21 日，海明威出生于美国伊利诺伊州芝加哥市郊的橡树园镇。他 10 岁开始写诗，17 岁时发表了他的小说《马尼托的判断》。上高中期间，海明威在学校周刊上发表作品。

14 岁时，他曾学习过拳击，第一次训练，海明威被打得满脸鲜血，躺倒在地。但第二天，海明威还是裹着纱布来了。20 个月后，海明威在一次训练中被击中头部，伤了左眼，这只眼睛的视力再也没有恢复。

1918 年 5 月，海明威志愿加入赴欧洲红十字会救护队，在车队当司机，被授予中尉军衔。7 月初的一天夜里，他的头部、胸部、上肢、下肢都被炸成重伤，人们把他送进野战医院。他的膝盖被打碎了，身上中的炮弹片和机枪弹头多达 230 片。他一共做了 13 次手术，换上了一块白金做的膝盖骨。有些弹片没有取出来，到去世都还留在他的体内。他在医院躺了 3 个多月，接受了意大利政府颁发的勇敢勋章，这一年他刚满 19 岁。

1929 年，海明威的《永别了，武器》问世，作品获得了巨大的成功。成功后的海明威便开始了他新的冒险生活。1933 年，他去非洲打猎和旅行，并出版了《非洲的青山》一书。1936 年，他写成了短篇小说《乞力马扎罗的雪》和《麦康伯短暂的幸福生活》。1939 年，他完成了他最优秀的长篇小说《丧钟为谁而鸣》。

日本偷袭珍珠港后，海明威参加了海军，他以自己独特的方式参战。他改装了自己的游艇，配备了电台、机枪和几百磅炸药，他在古巴北部海面搜索德国的潜艇。

1944 年，他随美军在法国北部诺曼底登陆。他率领法国游击队深入敌占区，获取了大量情报，并因此获得一枚铜质勋章。

海明威在他的作品中塑造了一系列"硬汉"——打不败的人的形象，这是海明威所追求的永恒的东西，这就是人坚毅的品格、顽强的精神。

他靠着顽强的品格战胜了一切在常人看来是不可能战胜的困难和挫折。就在他生命的最后之际，海明威鼓足力量，做了最后的冲刺。1952 年发表的中篇小说《老人与海》给他带来了普利策文学奖和诺贝尔文学奖的崇高荣誉。《老人与海》中的老人是海明威最后的硬汉形象。那位老人遇到了比不幸和死亡更严峻的问题——失败，老人拼尽全力，只拖回一具鱼骨。"一个人并不是生来就要给打败的，你尽可以消灭他，可就是打不败他。"这是老人的话，也是海明威人生的写照。

其实，成功者并不一定都具有超常的智能，命运之神也不会给予他特殊的照顾。相反，几乎所有成功的人都经历过坎坷，都是命运多舛，并在不幸的逆境中奋力前行。其关键在于成功的人有着顽强拼搏的品格，这种顽强的精神让他们在困难和挫折面前不会消沉、不会堕落，反而让他们越挫越勇，最后成为"真的猛士"，并在历经艰难险阻、风风雨雨后收获了一片属于自己的阳光。

记住莎士比亚曾经写下的一句话："当太阳下山时，每个灵魂都会再度诞生。"

再度诞生就是你把失败抛到脑后的机会。恐惧、自我设限以及接受失败，最后只会像诗中所说的，使你"困在沙洲和痛苦之中"。你完全可以凭借你的顽强来克服这些弱点，你要在你的心里牢记：每一次的逆境、挫折、失败以及不愉快的经历，都隐藏着成功的契机，上帝就是利用失败及打击来让我们变得更加顽强，从而能真正承担我们活着的使命。

个人尚且如此，那么一个民族呢？如果一个民族缺乏顽强的性格，那么迟早会退出历史舞台，只有强者才能立于世界民族之林。

不幸也能开出花朵

胡里奥用 6 国语言演唱的唱片已经销售了 10 多亿张，使他获得吉尼斯世界纪录创办者颁发的"钻石唱片奖"。在欧洲，胡里奥已经 5 年都是流行歌曲的榜首明星，《法国晚报》曾赞扬他为 20 世纪 80 年代的一号歌星。歌剧明星普拉西多·多明戈这样评价这位 40 多岁、富有激情的西班牙演唱浪漫民谣的歌手："胡里奥达到了每个歌唱家梦寐以求的造诣，既会唱古典的，又会唱通俗的，他打动了所有观众的心。"

假如胡里奥没有信心、勇气和铁一般的毅力，那么今天他可能只是一个默默无闻的残疾人。说来也怪，他的成功还是由一起车祸引起的。

1963 年 9 月，胡里奥 20 岁生日前，他和 3 个朋友沿着郊区的大路驱车向马德里家中驶去。当时已过午夜，纯粹出于年轻人的胡闹，他把车速开到每小时 100 公里，驶到一个急转弯处，汽车陡然滑向一侧，翻到了田地里。不大可信的是，当时没有人受重伤。过了一段时间，胡里奥感觉胸部和腰部急剧地刺痛，并伴随着呼吸困难和浑身发抖。神经外科专家诊断是脊椎出了问题，胡里奥瘫痪了，经检查发现：他背上在第七根脊椎骨上长有一个良性瘤，随后做了外科手术把瘤摘除。但是胡里奥回家后腰部以下仍不能动弹，这种情形实在让人沮丧：胡里奥在几年后恢复了一点儿活动能力，但是进展缓慢，锻炼使得他筋疲力尽。胡里奥有时也很绝望，有位护士得知此情形，给了他一把价钱不贵的吉他，他开始漫无目的地拨弄起来，他发现这种乱弹乱奏为他消除了忧虑和无聊。这种乱弹乱奏让他跟着哼起来，后来试着唱出几句，使他高兴的是，自己的嗓音还不错。

手术后的 4 个月，胡里奥站在地板上，手抓着他家里楼梯的扶手，费力地试着举步上楼，这样的练习使他气喘吁吁。但他总算抬起了迈向康复的第一步。

他每日的目标就是比头一天多迈出一步，为了加强身体其他部位的锻炼，他沿着门厅不停地爬行四五个小时。在他家的消暑驻地，他能拄着拐杖沿着海滩缓慢费力地行走，而且每天早上在地中海里疲倦不堪地游上三四个小时。到那一年的秋天，他换成拄一根手杖行走。几个月后，他把手杖也扔到了一边，每天慢行 10 公里。

1968 年，他于法学院毕业，曾打算进外交使团。在那时，音乐仅是一种消遣，长期而孤独的恢复期使胡里奥产生了灵感，他总算写出了自己的第一首歌——《生活像往常一样继续》。

成功三律 荷花定律 金蝉定律 竹子定律

　　尽管他迟疑过，但最后还是同意在西班牙一年一度为流行音乐举行的最重要的比赛——"本尼多姆歌节"上演唱那首歌。在那次比赛中，胡里奥获得了一等奖。这首歌在全国流行起来，并成了一部西班牙电影的片名，这部影片是根据他和瘫痪做斗争的经历而写的，他主演了这部电影，自此成了一位电影明星。

　　作为一个世界级的音乐家，公众对他的接受有一个漫长的过程。在他用歌声征服拉丁美洲听众的过程中，他首先得征服村民们，使他们知道胡里奥是谁。1971 年他在巴拿马时身无分文，露宿在公园的长凳上。就是在这种情况下，他也没有怀疑过美好的明天在向他招手。他身体上的复原让他决心不放弃任何梦想。

　　1972 年，《献给加里西亚的歌》结束了他黑暗的日子，那跳动的民间节奏，使得它流行于整个欧洲和南美洲。

　　很快，他又推出了其他流行曲目。1974 年，他的唱片《Manuela》使他在法国成为第一个获得金唱片奖的西班牙歌手。

　　有一次，在阿根廷的马德普拉特举行了一场音乐会后，一对夫妇送给胡里奥一枚钻石戒指以表达他们感激的心意，因为在他们即将离婚之际，是他音乐里的温柔和渴望使得他们夫妇重归于好。

　　1981 年，胡里奥在写的自传《在天堂和地狱之间》一书中，描述了自己婚姻的破裂，其痛苦的程度不亚于那次瘫痪。他体会到了失败，陷进了深深的绝望之谷。他得做出超人的努力来面对观众。那时他觉得他的双腿又瘫了，可一位精神科医生对他说是他的思想出了问题："你应该像从前那样，把自己投入到事业中去。"有位医生建议："继续你已开展的事业——不达顶峰决不罢休。"

有了这些鼓励，胡里奥感觉好多了。从那以后，他严格遵守医生的指导，时刻不忘曾经的自我疗法：每天要比昨天多迈出一步。

1978年，胡里奥和哥伦比亚广播唱片公司签了一份长期合同，他细心而不知疲倦地工作着，花了6个月的时间录一张唱片，他先用西班牙语演唱，后来又用法语、意大利语、葡萄牙语和德语演唱。他同时还得花些时间录制用英语首次演唱的唱片。

虽然他是个语言天才，但是用多种语言进行7小时的录音，过程也够折磨人的。即使用西班牙语演唱，在录音时他也能上一个多小时，直到达到了他认为能给人以美的享受才停止。

胡里奥回顾瘫痪时的黑暗日子，发现有很多东西值得感激。他说："我在音乐方面获得的一切成就，都来源于那次痛苦。"现在健康、愉快和出名的胡里奥·依格莱西斯，他的生活本身

成功三律 荷花定律 金蝉定律 竹子定律

证明了他写进第一首歌——《生活像往常一样继续》中的箴言：
"人总有理由生存，总有理由奋斗！"

一些人认为所谓成功，无非就是那套 ABC 理论——才智、
闯劲和勇气。但我们要想成功光有这三条是远远不够的，还必
须以顽强的耐力对付生活中遇到的各种坎坷、障碍。布克·
特·华盛顿曾说过："我以为，衡量一个人成功与否，不完全是
以他在生活中所得到的地位为标准的，更是由他在努力通往成
功的路上越过的障碍多少作为尺度的。"

我们每个人都得对付那些令人头痛的、失意的事情。我们
暂且把地位问题放在一边，为了成功，必须具有耐力。一位有
名的拳击手在他的《再战一回合》中充分表现了这种顽强耐力，
他写道："再战一回合！当你双脚站立不稳，马上就要跌倒的时
候，再战一回合！当你筋疲力尽，无法抬起双臂防御对手的进
攻时，再战一回合！有时，你被打得鼻青脸肿，无力招架，甚
至希望对手干脆猛击一拳将你打昏过去时，此时此刻，再战一
回合！记住，一个永远'再战一回合'的人是不会被打垮的。"

只要不放弃努力就能战胜不公

社会是一片沃土，但是到处都有压力，到处都有荆棘。只有以积极的心态，客观地面对人生的现实，积极地适应环境，才能够穿越人生的沼泽。

你碰到了一个难题？那很好！为什么？当你用积极的心态去克服它时，你就会变成一个更美好、更大度、更成功的人。

人人都会有许多难题。那些具有积极心态的人能从逆境中求得极大的发展。

当你有了一个难题时，你要向人们请教，思考、口述这个问题，分析这个问题，并采取积极的心态："那是好事！"然后从逆境中求得发展。

良好的想法紧跟以切实的行动，能把失败转变为成功。

你能指挥你的思想并能控制你的情绪，从而能调整你的态度，你能选择积极的态度或消极的态度。

困难可以将你击垮，也可以使你重新振作，这取决于你如何去看待和处理困难。

人世中不幸的事如同一把刀，它可以为我们所用，也可以把我们割伤。那要看你握住的是刀刃还是刀柄。

麦克·瓦拉史是位著名电视节目的主持人，他在 CBS 主持

成功三律 荷花定律 金蝉定律 竹子定律

的"60分钟"是人人乐道的节目。有这样一个故事……在刚进入电视台的时候他是一名新闻记者，因他口齿伶俐，反应快，所以除了白天采访新闻外，晚上又报道7点30分的黄金档。以他的努力和观众的良好反应，他的事业应该是可以一帆风顺的。

不过很不幸的是，因为麦克的为人很直率，一不小心得罪了顶头上司——新闻部主管。有次在一新闻部会议上，新闻部主管出其不意地宣布："麦克报道新闻的风格奇异，一般观众不易接受。为了本台的收视率着想，我宣布以后麦克不要在黄金档报道新闻，改在深夜11点报道新闻。"

这个毫无前兆的决定让大家都很吃惊，麦克也很意外。他知道自己被贬了，心里觉得很难过，但突然他想到"这也许是上天的安排，主要是在帮助我成长"，他的心渐渐平静下来，表示欣然接受新差事，并说："谢谢主管的安排，这样我可以利用6点钟下班后的时间来进修。这是我早就有的希望，只是不敢向您提起罢了。"

此后，麦克天天下班之后就去进修，并在晚上10点左右赶回公司准备11点的新闻。他把每一篇新闻稿都详细阅读，充分掌握它的来龙去脉。他的工作热忱绝没有因为深夜的新闻收视率较低而减退。

渐渐地，收看夜间新闻的观众愈来愈多，佳评也愈来愈多。

随着佳评不断，有些观众也责问："为什么麦克只播深夜新闻，而不播晚间黄金档的新闻？"询问的信件、电话不断，终于惊动了总经理。

总经理把厚厚的信件摊在新闻部主管的面前，对他说："你这新闻主管怎么搞的？麦克如此人才，你却只派他播 11 点新闻，而不是播 7 点 30 分的黄金时段？"

新闻部主管解释："麦克希望晚上 6 点下班后有进修的机会，所以不能排上晚间黄金档，只好排他在深夜的时间。"

"叫他尽快重回 7 点 30 分的岗位，我命令他在黄金时段中播报新闻。"

就这样，麦克被新闻部主管"请"回黄金时段。不久之后，被选为全国最受欢迎的电视节目主持人之一。

过了一段时间，电视界掀起了益智节目的热潮，麦克获得十几家广告公司的支持，决定也开一个节目，找新闻部主管商量。

积着满肚子怨恨的新闻部主管，板着脸对麦克说："我不准你做！因为我计划要你做一个新闻评论性的节目。"

虽然麦克知道当时评论性的节目争议多，常常吃力不讨好，收入又低，但他仍欣然接受说："好极了！"

自然，麦克吃尽苦头，但他没说什么，仍是全力以赴，为新节目奔忙。节目上了轨道也渐渐有了名声，参加者都是一些出名的人物。

总经理看好麦克的新节目，也想多与名人和要人接触。有天他召来新闻部主管，对他说："以后节目的脚本由麦克直接拿来给我看！为了把握时间，由我来审核好了，有问题也好直接跟制作人商量！"

从此，麦克每周都直接与总经理讨论，许多新闻部的改革也有他的意见。他由冷门节目的制作人渐渐变成了热门人物。由此他也获得许多全美著名节目的制作奖。

苦难不会持久，强者却可长存

在奥格·曼狄诺的演讲中，经常提到罗伯特·斯契勒的故事。

一天，罗伯特·斯契勒来到芝加哥，要向一群中西部农民发表演说。虽然他满腔热忱，但很快便被他们凝重的面色泼了一盆冷水。他们强装热情地接待罗伯特，其中有位农民告诉他说："我们正过着艰苦的日子，我们需要帮助。我们最需要的是希望，给我们希望吧。"

在罗伯特开始演讲前，主持人向这些听众做介绍，他把罗伯特形容为一个成功的人，但是听众不知道，罗伯特也曾走过他们现在所走的路。

罗伯特的童年是在中西部的一个小农场里度过的。他的父亲本来是一个雇农，后来攒够了钱才买了一个 65 公顷的农场。经济大萧条时，罗伯特还只有 3 岁。那年冬天，他们有时连买煤也没钱。那时侯罗伯特也要工作，他要爬进猪栏，捡拾猪吃剩后的玉米棒子，用来做燃料。那些日子可真苦啊！

第二年春天，又遇到严重春旱。罗伯特的父亲准备把辛辛苦苦留起来的几斗宝贵玉米用作种子。

"种了可能会枯死，何必还要冒险去种呢?"罗伯特问。

他父亲却说："不冒险的人永无前途。"

于是，他父亲把留起来的最后一些玉米粒和燕麦，全都拿出来种了。可是，第四个星期过去了，还不见有雨来临，父亲的脸绷得紧紧的。他和其他农民聚在一起祈祷，请求上帝拯救他们的田地和农作物。后来，雷声终于响起，天下雨了！虽然罗伯特雀跃万分，但是他的父母知道雨下得不够。烈日不久就再次出现，天气又热起来了。他父亲掐了一把泥土，只有上面四分之一是湿的，下面全是粉状的干泥。

那年夏天，罗伯特看见弗洛德河逐渐变得干涸，小水坑变成泥坑，平时游来游去的鲶鱼都死了。他父亲的收成只有半车玉米，这个收成和他所播的种子数量刚好相等。父亲在晚餐时祈祷说："慈爱的主，谢谢您，我今年没有损失，您把我的种子都还给我了。"当时并不是所有的农民都像他父亲那么有信心，一家又一家的农场挂起了"出售"的牌子。他父亲当时请求银行给予帮助，银行信任他，最后帮助了他。

罗伯特还记得童年时穿着有补丁的大衣跟父亲去爱阿华银行，他记得那银行的日历上有这样一句格言："伟人就是具有无比决心的普通人。"他觉得父亲就是这种积极态度的榜样。

若干年后，6月里的一个寂静下午，罗伯特家受到龙卷风的侵袭。他们起初听到一阵可怕的怒吼声，慢慢地，风暴逼近了。忽然天上有一堆黑云显现了出来，像个灰色长漏斗般伸向地面。它在半空中悬吊了一阵子，像一条蛇似的蓄势待攻。父亲对母亲喊道："是龙卷风，珍妮！我们得赶快离开这里！"转瞬间，他们便已慌慌张张地开车上路。南行3公里之后，他们把车子停好，观看那凶暴的龙卷风在他们后面肆虐……待他们返回家后，发现一切都没有了，半小时前那里还有九幢刚打扫过的房屋，现在一幢也不存在了，只留下地基。父亲坐在那里惊愕得双手紧握方向盘。这时，罗伯特注意到父亲满头白发，身体由于艰辛劳作而显得瘦弱不堪。突然间，父亲的双手猛拍在方向盘上，他哭了："一切都完了！珍妮！26年的心血在几分钟内全完了！"

但是，他父亲不肯服输。两星期后，他们在附近小镇上找到一幢正在拆卸的房子，他们花了 50 美元买下其中一截，然后一块块地把它拆下来。就是用这些零碎东西，他们在旧地基上建了一幢很小的新房子。几年以后，又建了一幢又一幢房屋。结果，他父亲在有生之年，看到了他的农场经营得非常成功。

讲完了自己的故事，罗伯特告诉听众："苦难不会持久，强者却可长存！"听众顿时响起热烈的掌声。那些已经失去希望以及曾与沮丧情绪搏斗的人，重新获得了希望。他们有了新的憧憬，再度开始梦想未来。

当你面对艰苦日子的时候，千万不要泄气、不要绝望，要坚持下去。当困苦达到极点的时候，你要提醒自己：苦难不会持久，强者却可长存！

苦难让生命绚烂

各种各样的苦难都会出现在人的一生之中。正如一位智者所说的那样："没有苦难的人生不是真正的人生。"一个人要想焕发出生命的光彩，就必须经历困境的砥砺。沿着时间的长河，我们再次回到几千年前的印度，在几千年前的雾山上隐居着无数的先哲，他们为了心性和智慧的通透而采用瑜伽的朴素方式，以此来对生命的不凡加以印证，让人将苦难的许多真义都读懂了。其实，当我们对诸如蚌病生珠、万涓成河、蛹化成蝶的生命故事仔细地进行品味时，一种战胜苦难的神奇力量会在刹那间击中我们的心灵。

大树的挺拔身姿，是在与狂风暴雨搏斗后才成长起来的；斧头的精良，是在铁匠手中经过千锤百炼才打造出来的。一个事实是无法忽视的：顺境常常会使人"苗而不秀，秀而不宝"。众人皆知"温室"里的幼苗在风吹雨打下会很快死亡。因此，没有苦难的人生就不再是完整的人生，没有了苦难，就得不到生活的磨炼，也就永远失去了累积人生无价财富的机会。

俗话说得好，不经摩擦的火石就不会将火花迸发出来。同理，要想使生命之火如火焰一般灿烂，人就要经历苦难。其实，苦难和可怕并不相等，苦难可以对人的意志进行培养，为人增加信心、毅力和勇气。就像《真心英雄》里唱的："不经历风雨，怎么见彩虹？"是啊，跌倒的滋味怎么会是不曾跌倒的人所能体会的呢？跌倒了该如何爬起来他们就更不知道了。苦难对于每个人来说都不可能是美好幸福的，要想让苦难给予你更多的馈赠，你就要在苦难中对你自己进行充分的磨炼。要明白，只有经历过这一次次的跌倒、爬起的过程，才能使得勇气和毅力得到增长。

由此我们可以看出，遭遇苦难算不得一件坏事，相反，人

生的成功还离不开这个必经的阶段。可以说，未来人生的本钱
和财富都来自苦难。

　　世界超级小提琴家帕格尼尼，他是一个将生命之歌在苦难
的琴弦下演奏到极致的人。麻疹和强直性昏厥症在他4岁时就
开始纠缠着他。在他7岁的时候又得了严重的肺炎，无奈之下
只好采取放血治疗。因牙床长满脓疮，他又在46岁时将大部分
牙齿都拔掉了。其后可怕的眼疾又来伤害他。关节炎、喉结核、
肠道炎等疾病在他50岁后，开始对他的身体与心灵进行折磨。
后来连声带也受到了损伤，这个打击对他来说无疑是致命的。
他逝世时只有57岁，死亡原因是口吐鲜血而亡。他全部的苦难
不仅仅是身体上的创伤。他从13岁起，就过上了在世界各地不
断流浪的生活。他每天练琴练到疯狂，这使他将饥饿和死亡都
忽略了。

　　像他这样的人，命运这样悲惨，却将最美妙的音符在琴弦
上弹奏了出来，使得无数人为之沉醉，使得无数人为之疯狂！

　　帕格尼尼被乐评家称作"操琴弓的魔术师"。歌德也曾对他
进行过评价，说："在琴弦上展现出火一样的灵魂。"李斯特更
是大喊道："天哪，在这4根琴弦中包含着多少苦难、痛苦与受
到残害的生灵啊！"苦难将心灵净化，悲剧显示人性的崇高。让
人在苦难中进修或许就是上帝成就天才的方式。

这些不屈的人会让苦难在他们的面前变为礼物———一种成熟与伟岸的人格，一种顽强和坚忍的意志，一种对人生和生活的深刻认识。

生命旅途中一道不可不观的风景就是苦难本身。苦难就像立在现实和未来之间的那扇纸糊的门，你只要有敢于捅破它的勇气，一路坦途就会出现在前方；苦难就像蹲在成功门前的看门犬，怯弱的人越是逃得急，它便越是追得凶；苦难就像火焰熊熊的炼狱，在困难之中对灵魂进行涅槃，金子般的成色就会显露出来……四季轮回，既有葱茏的春天，又有落叶的秋天；既有热烈的夏天，又有风雪的冬天。我们没有不接受苦难的理由，也没有不善待苦难的理由。因为，通向人生驿站的铺路石就是生命中的那些艰难险阻。

不弯的路在世上是不存在的，不谢的花在人间也是不存在的。苦难就像天边的雨，说来就来，让你既逃避不了，又退却不了；苦难又像横亘的山，赶也赶不跑，你要想到达成功的彼岸，就要将它跨越，将它征服。

迎着风雨一路前行

人生就好像一次漫长的旅行，我们不得不花的旅费则是自己的辛劳和苦难。勇气是每一个像样的旅行家都必须具备的，可以到达人生胜境的只有那些有勇气承担旅途风险的人，他们所领略到的乐趣不是一般人可以领略到的。所以，处在逆境时，我们要学会平心静气地等待，再多一份勇气、多一份信心。不要将艰苦看作旅途的唯一，而要点亮希望的灯光，将你想要去的地方照亮。

"你只有用内心的勇气去面对你的重大抉择，除此之外别无他法。"卡莉·费奥莉娜极其准确地说出了作为个体的人，当在未来之路上前进的时候，那些理论上的决策依据都将变成无用的废话。这个惠普前任女总裁总是不断地挑战自我极限，时刻提醒自己保持强势，像通过战胜自己的无数成功人士那样赢得了世人的尊敬。在面对一切困难时临危不惧，不断进取，努力地将它克服、战胜。生存的法则就是这样。反之，懦夫的作为是逃避，且最终带来的危机会越发多。

几年前，在崇山峻岭中穿行着一个由7名探险家组成的团队。一座险恶的石山在他们经过的时候，突然山体崩裂，并且十几块巨石从山腰间轰然而下。

等一切过去之后，7个探险家被乱石砸死了6个，然而令人不可思议的是，剩下的那一个探险家却只受了一点儿轻伤。

闻讯而至的记者感到非常惊奇，疑惑地问这个幸存的探险家："你没有被石头砸中，难道只是因为你的运气好吗?"

成功三律 荷花定律 金蝉定律 竹子定律

"不。"探险家解释说，"只是因为我抬起头面对我所遇到的危险，因此才能够躲开巨石的袭击。"

抬起头面对你所要面临的危险，能够做到这一点的没有几个人。当头上有东西掉下来时，绝大多数人会选择将眼一闭，然后再将头一缩作为自己的第一反应，其实这样根本无法避开危险。很多人在面对困境时会选择逃离和躲避，希望求得短暂的、一时的安逸。但如果想长期生活在一个没有危险的世界那是不切实际的，也是不可能的，要想将最终的生存权掌握在自己的手中，那就只能在人生的路上迎着风雨勇敢前进。

在坎坷不断、荆棘遍布的人生路上，是选择不战而败，还是选择奋力前行？强者和懦夫的不同人生态度在这道题的答案中表现得淋漓尽致。只要你自己坚持不懈、奋力前行，环境的艰苦将最终被你克服。可怕的并不是挫折，而是那些因挫折而产生的对自己能力的怀疑。如果你有着不倒的精神和敢于放手一搏的勇气，那就有成功的可能。

"美国联合保险公司"的主要股东和董事长史东，同时还身兼另外两家公司的大股东和总裁。研究他成功的因素时发现，勇气是使他从一无所有到最后创出如此巨大的事业的决定性因素。

在他还很小的时候，就开始到处贩卖报纸来谋生计。他被一家餐馆赶出去好多次，但是依旧不断地溜进去，并且将更多的报纸拿进去卖。那里的客人非常欣赏他的这种勇气，纷纷向餐馆老板求情，允许他在餐馆内卖报纸，并且他们都愿意将买报纸的钱花在他身上。史东不断地被老板踢出餐馆，虽然踢痛了屁股，但钱却装满了他的口袋。

史东经常去思考这些："我做对了哪一点儿呢？""我又做错了哪一点儿呢？""我下一次应该怎样做才不会挨踢？"就这样，引导他达到成功的座右铭就是他用自己的亲身经历总结出来的："放手去做那些对你没有任何损失而且还可能有大收获的事情。"

在史东 16 岁时的一个夏天，他在母亲的带领下，为了推销自己的保险而走进了一座办公大楼。当因害怕而不知所措时，他就用卖报纸时被踢出来后总结出来的座右铭来给自己打气。就这样，他带着"即使被踢出来，也要试着再进去"的想法将第一间办公室的门敲响了。

他那天的运气不错，没有遭到被踢出来的命运。那天他只卖掉了两份保险。从数量来看，他无疑是失败的。但是，这对他来说却是个突破，他从此坚定了信心，不再害怕失败，即使别人拒绝了他，他也不会再感到尴尬。

第二天，史东成功销售出去 4 份保险。第三天，这一数字变成了 6 份……

20 岁时，史东创立了他自己的保险经纪社，虽然只有他一个人。第一天开业，他就卖出去了 54 份保险单。有一天，他甚至卖出去了 122 份保单，这是一个令人震撼的纪录。如果以每天 8 小时进行平均的话，他成交一份保单的时间仅有 4 分钟。

在 30 岁之前，史东就获得了"推销大王"的称号。

面对挑战时，成功者需要有足够的勇气来支持。如果一个人想要在工作中表现不凡的话，挑战各种各样的艰难险阻是不可或缺的。真正达到卓越境界的是那些在面对现实时勇于正视、有勇气迎接挑战的霸气者。喜欢奋斗的人，总是有着敢于前进的精神；懦弱胆小的人，输就输在了气势上。在现实中，有许多提不起精神的年轻人，他们之所以这样，不是因为他们缺乏向上的能力，而是因为他们主观上的认识不足。

下篇

竹子定律：

耐住性子，
伺机而动

忍耐，是为了拨云见日

要耐心去等待成功

一位全国知名的推销大师在结束职业生涯前夕，在一个体育馆做了特别演说。那天，会场座无虚席，人们焦急地等待着那位当代最伟大的推销员，期盼听到他精彩的演讲。

大幕徐徐拉开，人们看到舞台正中吊着一个巨大的铁球，铁球的旁边还搭了一个高大的铁架。一位老者在人们热烈的掌声中走了出来，站在铁架的一边。他穿着一套红色的运动服，脚下是一双白色胶鞋。人们疑惑地看着他，搞不清楚他要做什么。此时，工作人员将一个大铁锤搬到了舞台上，放在老者的面前。主持人这时对观众说："请两位身体强壮的人到台上来。"话音未落，两个年轻人就飞快地跑到了台上。老人请两个年轻人用大铁锤去敲打吊着的铁球，直到把它荡起来。一个年轻人抢着拿起铁锤，拉开架势，抡起大锤，全力向那吊着的铁球砸去，响声震耳欲聋，但吊球丝毫未动。年轻人不甘心，一下又一下地砸向吊球，很快他就气喘吁吁。另一个人也不甘示弱，接过大铁锤把吊球砸得叮当响，可是铁球仍旧一动不动。台下安静极了，观众似乎都已经认定铁球无论如何都是不会动的。他们想听老人说些什么，但老人什么都没说，他从上衣口袋里掏出一个小锤，然后认真地面对着那个巨大的铁球。他用小锤对着铁球"咚"地敲了一下，然后停顿一下，再一次用小锤"咚"地敲了一下。人们不解地看着老人，但老人就那样敲着铁球，敲一下，停顿一下，反复地敲着。

10分钟过去了，20分钟过去了，会场早已骚动起来，有的人干脆叫骂起来，人们用各种声音和动作宣泄着他们的不满情绪。不过，老人仿佛没听见似的，他依旧在一遍遍地敲打着。很多人愤然离席，会场上出现了大片大片的空缺。留下来的人们好像也喊累了，会场渐渐安静下来。

在老人敲了大约40分钟后，前排的一位女士忽然喊了一句："球动了！"会场重新恢复了寂静，人们聚精会神地看着那个铁球。那球以很小的幅度摆动起来，不仔细看很难察觉。老人并没有停下来，他还在一锤一锤地敲着，人们似乎也听到了小锤敲打吊球的声响。吊球在老人一锤一锤的敲打中越荡越高，它拉动着那个铁架子"咚咚"作响，它的巨大威力瞬间震撼了在场的每一个人。人们给予老人雷鸣般的掌声，老人伴随着掌声慢慢转过身来，然后把小锤揣进了兜里。

老人开口讲话了，他只说了一句话："在成功的道路上，你没有耐心去等待成功的到来，那么，你只好用一生的耐心去面对失败。"

当然，成功并不容易。想要功成名就、梦想成真，就要付出很多努力，承受很多艰辛和苦楚。但仅仅因为成功很难、很痛苦，就不去想和追求了吗？反过来想，不成功也并非就很舒服、很自在、很潇洒。事实上，不成功才真的更难。有的人不肯付出一时的努力去博取成功，却甘愿用尽一生的耐心去面对失败的痛苦。当我们在抱怨生活困苦、工作无聊，生活平庸至极时，我们可曾想过，我们是不是并没有为改变现状而付出努力。

那些追逐成功的人，是为了获得更好的生活、更高的地位、更大的成就，就因为他们有梦想和肯奋斗。我们每个人都应该去为更好的生活而努力，去拼搏，去积蓄力量，去耐心等待成功。是选择追求成功的生活，还是安于现状、不思进取、得过且过？我想每个人心里都是有答案的。

耐心去等待成功，需要一颗奋斗的心，一颗持之以恒、坚持不懈的心。唯有如此，成功才会来到你的身边。

要学会把冷板凳坐热

人们常说："小不忍则乱大谋。"一个人要想在职场上取得大的成就，忍耐是必修课。它是对你的考验，也是你晋升的阶梯。

很久以前，一位日本青年进了一家大公司做了一个小职员，在平凡的工作中他发现公司存在着许多问题，便不断给上层管理者写信，并提出自己的建议。然而，他的信如石沉大海般，没有一点儿回音。可他并没有放弃，只要发现问题，他照样写信，照样提出自己的建议……10年后的一天，他终于有了回报，他被派到一个分公司任经理，他工作做得非常出色，后来当了这家大公司的总经理，而这家大公司就是世界著名的佳能公司。

一个贸易公司的男职员，在刚进公司时很受老板赏识，但不知怎的，在并没犯什么错误的状况下，他被"冷冻"了起来，整整一年，老板不召见他，也不给他重要的工作，从主管的地位变得和普通员工差不多。他忍气吞声地过了一年，老板终于又召见了他，给他升了官，加了薪，同事们都说他把"冷板凳"坐热了。

能力再强、机遇再好的人也不可能一辈子一帆风顺，如果你是为他人做嫁衣，便有坐冷板凳、不受重用的可能。为什么会坐冷板凳呢？有很多种原因：

1. 本身能力不佳

在工作中只能做一些无关紧要的事，但也还没有到必须被开除的地步。

2. 曾犯过重大错误

在社会上做事不比在学校当学生，学生犯错不会怎么样，但在社会上做事一旦犯了错误，便会使你的上司或老板对你失去信心。因为他不可能再次拿他的资本或职位来冒险，所以只好把你"冷冻"起来。

3. 老板或上司有意考验

人要做大事不但要有面对挑战的勇气，面对繁杂的耐心，还要有身处孤寂的韧性。

4. 人事斗争的影响

只要有人的地方就有斗争，就算是私人企业，老板也会受到员工斗争的影响。如果你不善斗争，就很有可能莫名其妙地失去原有的优势，坐起冷板凳来。

5. 大环境有了变化

人说"时势造英雄"，很多人的崛起是由环境造成的，因为他的个人条件适合当时的环境。可当时过境迁，英雄便无用武之地，这时候你只好坐冷板凳了。

6. 上司的个人喜恶

这没什么道理好讲的，反正上司或老板突然不喜欢你了，于是你只好坐冷板凳了。

7. 你冒犯了上司或老板

宽宏大量的人对你的冒犯无所谓，但人是感情动物，你在言语或行为上的冒犯如果惹恼了上司，你便会有坐冷板凳的可能。

8. 威胁到老板或上司

如果你能力太强，又不懂得收敛，让你的上司或老板失去安全感，那么你便会受到冷遇。老板怕你夺走商机去创业，上司怕你夺了他的位置，冷板凳不给你坐给谁坐？

坐冷板凳的原因还有很多，无法一一列举。但是人一旦坐上冷板凳，一般都无法去仔细思考原因何在，只知道成天抱怨。其实，与其在冷板凳上自怨自艾或疑神疑鬼，还不如调整自己的心态，好好地把冷板凳坐热。这时候，你需要做的就是：

1. 强化自己的能力

在不受重用的时候，正是你广泛收集、吸收各种情报、学习其他知识的最好时机，能力强化了，当时来运转时，便可跃得更高，表现得更卓越！而在这段坐冷板凳的时间内，别人也正好观察你，如果你自暴自弃，那么恐怕要坐到屁股结冰了，而且一旦出现对你不好的评价，恐怕就无翻身的机会了。

2. 以谦卑来建立良好的人际关系

人都有痛打落水狗的劣根性，你坐冷板凳，别人巴不得你永远不要站起来。所以要谦卑，广结善缘，不要提当年勇，因为所有的一切都已成为历史，对你现在是没有任何帮助的，而且"当年勇"也会使你坠入"怀才不遇"的情境中，徒增苦闷而已！

3. 更加敬业，一刻也不疏忽

虽然你做的是小事，但也要一丝不苟地做给别人看！别忘了，很多人正冷眼旁观给你打分数呢！

4. 忍耐

忍闲气、忍嘲弄、忍寂寞、忍不甘、忍沮丧、忍黎明前的黑暗，忍一切的一切，忍给自己看，也忍给别人看。

能有以上的作为，相信你一定会把冷板凳坐热。不管你坐冷板凳的真正原因是什么，这都是训练自己耐性、磨炼自己心志的机会。冷板凳都坐过了，还有什么好怕的呢？此外，人都喜欢锦上添花，当你把冷板凳坐热，自然会得到很多赞美和掌声，成为人人敬佩的勇者；如果坐不住冷板凳，那么你就被人看轻了——除非你换工作！

唯有忍耐，才能发现新大陆

正因为有了恒心与忍耐力，才有了埃及平原上宏伟的金字塔，才有了耶路撒冷巍峨的庙堂；因为有了恒心与忍耐力，人们才登上了气候恶劣、云雾缭绕的阿尔卑斯山，在宽阔无边的大西洋上开辟了通道；正是因为有了恒心与忍耐力，人类才夷平了新大陆的各种障碍，建立起人类居住的家园。

滴水可以穿石，绳锯可以断木。如果三心二意，哪怕是天才，也会一事无成；只有依靠恒心，点滴积累，才能取得成功。勤快的人能笑到最后，而耐跑的马才会脱颖而出。发现新大陆的哥伦布就是具有狼之耐性的开拓者。

1492年2月，哥伦布失望地离开了爱尔罕布拉宫，他原先希望争取西班牙国王斐迪南和王后伊萨贝拉的支持，但没有成功。他骑着骡子，缓缓地出了宫门，考虑应该往哪里去。此时此刻他看上去头发花白，精神十分萎靡。他从幼年开始就认为地球是个球体，当时，人们在距离海岸线400英里远的海上发现了雕有图案的木片，还在葡萄牙海滨发现了两具尸体，从人体特征上判断，他们和已知的人种不一样。哥伦布相信，这些尸体就是从遥远的西部——一些还不为欧洲人所知的岛屿上漂流过来的。他曾经指望葡萄牙国王能够出资，资助他进行海上航行，以便发现那些遥远的岛屿。然而，国王约翰二世一面假惺惺地答应帮助他，另一面却暗地里派出了自己的考察队。哥伦布最后的一线希望破灭了。

哥伦布四处乞讨，靠给别人画各种图表为生。他的妻子已经离他而去，他的朋友也都把他当成疯子，对他不闻不问。

斐迪南和伊萨贝拉夫妇身边的智囊人物，对他所谓的往西航行就可以到达东方的理论也嗤之以鼻。

"可是，既然太阳、月亮都是圆的，为什么地球不能也是圆的？"哥伦布问道。

"如果地球是球体，靠什么支撑它？"那些智囊问。

"那太阳、月亮又是靠什么来支撑的呢？"哥伦布反问道。

"如果一个人头朝下，脚朝上，就像天花板上的苍蝇一样，你觉得这可能吗？"一位博士继续问哥伦布，"树根如果在上边，它能生长吗？"

"池塘里的水也都会流出来，我们也就站不起来了。"另一位哲学家补充道。

"这也不符合《圣经》上的说法。《以赛亚书》上说：'苍穹铺张如幔……'这说明地球显然是平直的，说它是圆的，那是异端。"牧师也加入了辩论。

哥伦布对他们不再抱任何希望，就在他转念想去为查理七世效力的时候，事情突然出现了转机。伊萨贝拉的一个朋友对她建议说，万一哥伦布的说法是对的，那么，只要一笔很小的花费，就可以大大地抬高国王统治的声望。"好的，"伊萨贝拉同意了，"我把我的珠宝拿去抵押，就算是给他的经费，喊他回来。"

就这样，哥伦布转过了身子，同时世界也转了个身。可是，他的航行还有别的问题，没有一个水手愿意和他一起出海，幸好国王和王后用强制手段下了命令，让他们必须去。于是，他们乘坐"平塔号"帆船出了海。他们的船很小，比平常的帆船大不了多少，而且刚刚起程3天，船舵就断了。水手们内心都有一种不祥之感，一时之间情绪非常低落。哥伦布就向他们描述了一番他所知道的印度的景象，描述一番那儿遍地都是金银珠宝，这才让水手们的情绪稳定下来。

船驶过加那利群岛以西200英里后，他们的磁针不再是朝着北极星的方向了。水手们说什么也不肯再往前走，一场叛乱即将爆发。这时候哥伦布又向他们解释，说北极星实际上并不在正北方，最后总算说服了他们。当船航行到距离出发地2300英里远（哥伦布故意骗他们说只有1700英里远）的时候，他们发现了有樱桃木漂在水面上，船周围时常有一些陆上的鸟类飞过，水手们还从水里打捞起了一块很奇怪的雕有图案的木片。有志者事竟成，由于对探索新大陆有持之以恒的决心，哥伦布把西班牙王国的旗帜插在了新大陆上。

哥伦布的经历让我们懂得忍耐对一个人的事业所起到的

非凡作用。许多成功者之所以能取得人生的辉煌，在于他们具有惊人的忍耐力。有时候，决定人一生成败的因素不在于出身、禀赋、学历、经验等，唯有忍耐，才是成功之道。

坚忍的力量足以改写命运

拿破仑出身于穷困的科西嘉没落贵族家庭，他父亲送他进了一所贵族学校。他的同学个个都很富有，常常拿他的贫穷挖苦他。拿破仑非常愤怒，却一筹莫展。迫于威势，就这样他忍受了 5 年。但是每一种嘲笑，每一种欺侮，每一种轻视，他都记着，都增加了他的决心，他要活出个样子来，要做给他们看。

这当然不是一件容易的事，他也不会空口自夸，提前把大话放出来。他只是在心里暗暗计划，决定利用这些没有头脑却傲慢的人作为桥梁，从而使自己达到富有，有名誉的地位。

16 岁当少尉时，他又遭受了一个打击——父亲去世。从那以后，他不得不从很少的薪金中省出一部分来帮助母亲。他过早地体会了生活的压力和苦楚，因此，在他接受第一次

军事征召时，他只好步行到遥远的发隆斯。到了部队，他的
许多同伴都把多余的时间用于追求女人或赌博。而他那不受
人喜欢的性格使他没有女人缘，同时，他的贫困也使他无法
参与到后者。性格和经济的因素使他无法占据优势。于是，
他改变策略，埋头读书，以此作为努力的对象和他们竞争。
读书是和呼吸一样自由的，因为他可以不花钱在图书馆里借
书读。读书也打开了思想的大门，让梦想驰骋，使他得到了
很大的收获。

他并不读对他没有太多意义的书，也不把读书作为消遣
烦闷的途径，一开始他就在为自己将来的理想做准备。他下
定决心要让全天下的人知道自己的才华。因此，在选择图书
时，他以这个目标作为选择的标准。虽然他住在一个既小又
闷的房间里，一方面贫困拮据的生活使他面无血色，另一方
面与外界的隔离又使他孤寂、沉闷，但是他却一直不停地
努力。

通过几年的用功，他读书摘抄下来的记录，经后人整理
印刷出来的就有 400 多页。他把自己想象成一个统率三军的总
司令，将科西嘉岛的地图画出来，地图上清楚地标明哪些地
方应当布置防范，并用数学的方法精确地计算推理。因此，

他的数学才能在这个过程中提高了很多，这也是他第一次有机会展示他能做什么。

长官知道拿破仑的学问很好，便派他在操练场上执行一些工作，这是需要极复杂、极高超的能力的。由于他做得很出色，他获得了新的机会，由此他开始走上了通往权势的道路。

一切也因之而改变。从前嘲笑他的那些人，现在都拥到他前面来，想分享一点儿他得到的奖励金；从前轻视他的那些人，现在都希望成为他的朋友；从前笑话他是一个矮小、无用、死用功的人，现在也都改为尊重他。他们都变成了他的拥戴者、他的忠实奴仆，愿意随时听从他的吩咐、他的差遣。

在此我们用不着评判朋友前后的态度反差，我们需要思考的是拿破仑是如何转变的？如何走向成功的？是天才素质所造成的转变吗？抑或因为他不停地工作而得到的成功吗？他确实很聪明，他也确实肯下功夫，不过还是有一种力量比知识以及聪明来得更重要，那就是用坚忍的毅力直面眼前的困难。

生活中有那么一些聪明的人，有那么一些踏实努力的人，但是他们却没能实现拿破仑那样的成就。为什么？那些人要么聪明，要么一味努力，但缺乏战术，这二者兼备本身就很难得。纵使一些人达到了二者的结合，但是是否具有坚忍的意志还是一个更关键的问题，成败的最终决定因素在此。我们常说成败乃一步之遥，许多人没有成功，就是因为他没有再朝前走一步，没有坚持到最后，在黎明前的黑暗阶段放弃了努力，从而与成功失之交臂。如果你决心要战胜困难，那一定要心甘情愿地一直坚持下去，以达到你的目的。

坚忍可以使柔弱的女子养活全家；使穷苦的孩子努力奋斗，最终找到生活的出路；使一些不幸者能够靠着自己的辛劳，养活他们年老体弱的父母。除此之外，如山洞的开凿、桥梁的建筑、铁道的铺设，没有不是靠着坚忍而成功的。人类历史上伟大的功绩之一——美洲新大陆的发现，也要归功于开拓者的坚忍。科学界许许多多的发明创造也离不开科学家的坚忍和执着。

脚踏实地，是为了一鸣惊人

只想不做，注定一事无成

　　做一个非凡的人很难，因为非凡的人都有远大的志向并且一直坚持、脚踏实地地向着目标前进；而一般的人虽有远大的志向，却不能脚踏实地去实现，只是在凭空编织自己的梦想，那么就只能是凡人了。

　　我们不能做没有理想的人，没有理想的生命是黯淡的，饱食终日、无所事事，那么人就堕落了；我们同样不能做好高骛远的人，好高骛远的人对自己要求过高，其结果必然是吃力不讨好。有时候，不要为自己做不到的事情忧心，将时间和精力用在自己力所能及的事情上，那么我们的欢乐就会多一点儿。

　　有一年夏天，一位小伙子登门拜访年事已高的爱默生。

成功三律 荷花定律 金蝉定律 竹子定律

　　来者自称是一个诗歌爱好者，从小时候就开始诗歌创作，但由于地处偏僻，一直没有名师的指点，所以千里迢迢前来寻求爱默生的指导。这位青年诗人谈吐优雅、气度不凡，爱默生与他交谈得非常融洽。

　　临走时，青年诗人留下了几页诗稿，爱默生读了诗稿以后，认定这个人在文学上将会前途无量，便决定凭借自己在文学界的影响力来大力提携他。于是，老少两位诗人开始了频繁的书信来往。青年诗人的信通常长达几页，大谈文学问题，激情洋溢，才思敏捷，爱默生对他的才华大为赞赏，在与友人的交谈中经常提起这位诗人，青年诗人很快在文坛上有了小小的名气。

　　但是，这位青年诗人以后再也没有给爱默生寄诗稿来，信却越写越长，奇思妙想层出不穷，言语中开始以著名诗人自居，语气逐渐傲慢起来。爱默生开始感到不安，凭着对人性的深刻洞察，他发现这个年轻人出现了一种危险的倾向。

　　后来，爱默生邀请这位青年诗人前来参加一个文学聚会。见面后，爱默生问道："后来为什么不给我寄稿子了？"

　　"我在写一部长篇史诗。"

　　"你的抒情诗写得很出色，为什么要中断呢？"

　　"要想成为一位伟大的诗人就必须写长篇史诗，小打小闹是毫无意义的。"

"你认为你以前的那些作品都是'小打小闹'吗？"

"是的，我是个大诗人，我必须写大作品。"

文学聚会上，这位青年诗人大出风头，几乎每个人都认为这位年轻人必成大器。

之后，青年诗人继续给爱默生写信，但信却越写越短，语气也越来越沮丧，直到有一天，他终于在信中承认，长时间以来他什么都没写，以前所谓的大作品其实是子虚乌有的，完全是他的空想。从此以后，爱默生再也没有收到这位青年诗人的来信。

我们都想出人头地，轰轰烈烈过一生，有追求、敢于拼搏自然是一件好事，尤其是年轻人，更要珍惜难得的青春，在世界上留下一点儿痕迹，但是这一切都要脚踏实地、切合实际。

连小事都做不好，还成什么大事

在我们身边我们经常发现有人抱怨自己的事业没有成功是因为工作太过普通。他们认为自己是干大事的人，因此在做小事时总是心不在焉，认为这样是埋没了自己的才华。而事实恰恰相反，连小事都没有耐心做好的人，永远成不了大事。掌握全美90%以上制油实业的石油大王——约翰·洛克菲勒的人生哲学是："我成功，是因为我对别人往往会忽略的平凡小事特别关注。"年轻时的洛克菲勒刚进入石油公司工作时，由于学历不高，也没有什么技术，因此被分派去巡视并确认石油罐的焊接情况。这是这家石油公司最简单的工作岗位，夸张一点儿说，连3岁小孩都能胜任。每天，洛克菲勒盯着焊接剂自动滴下，沿着石油罐转一圈，看自动输送带再把石油罐移走。工作平凡又枯燥，像一般人一样，洛克菲勒干了几天，就开始厌倦这项工作了。他申请调换其他工作，终因没有技术而作罢，无计可施的洛克菲勒只好重新回到这个平凡的岗位中。渐渐地，他竟摸索出了一套全新的工作方法，这个新方法让他对自己的工作兴趣渐浓。

从此以后，他再也不嫌工作枯燥了，他发现这个简单的工作里面其实有很多学问。他更加认真地观察、检查石油罐的焊接质量。这时候，公司正在推行节约计划，洛克菲勒想："我这个工作是不是也可以节约某项程序？"他发现每焊好一个石油罐，焊接剂要滴落39滴，而经过精密的计算，结果是实际只要37滴焊接剂就可以焊接好一个石油罐。但是，这个方法并不实用。

洛克菲勒并不灰心，经过多次测试，他终于研制出"38滴型"焊接机。也就是说，用这种焊接机，比原来的每次要节约一滴焊接剂。尽管节省的只是一滴焊接剂——可"38滴型"焊接机一年可以为公司节省5亿美元的开支。

洛克菲勒就这样一步步走向成功。成功学大师拿破仑·希尔对洛克菲勒的评价是："一滴焊接剂改变了他的一生。"一滴焊接剂改变了一个人的一生，可见，决定人命运的往往是一些微不足道的事。

有一句老话说得好："如果能把小事办好，大事也就不难了。"换个方式来说，每一个工作都是由许多小细节组成的，事情的任何一部分如果被忽略了，都会在日后成为大问题。如果你对于处理琐碎工作感到为难——像文书处理、开销账目或其他烦人的琐事，不妨在你的每个（每周或每月）工作周期中，设定一段时间来处理那些令人厌烦的工作。用愉快的心情来处理这些事，你很可能发现，这些工作不像你原先认定的那么烦人了。

我们身边有无数的小事，有的小事本不小，只要做了就可以创造大成绩，比如洛克菲勒身边的焊接剂；很多小事做了确实不会产生多大的影响，但是我们也不应该疏忽它，机会往往就躲在微不足道的小事的背后。谁能猜中哪块云彩会下雨呢？这里不是要求人们迷信"小事必藏大机会"，而是提倡人们不应以善小而不为。只有习惯于从小事做起，才会有做大事的能力。

一口永远吃不成大胖子

张芳大学毕业后，被分配到一家电影制片厂担任助理影片剪辑。这本来是一个人在影视界寻求发展的起点，但在 10个月后，她却离开了这个岗位，辞了职。

张芳认为自己这样做的理由很充分：堂堂的一个大学毕业生，受过多年的高等教育，却在干一个小学毕业生都能干的事情，把宝贵时光耗费在贴标签、编号、跑腿、保持影片整洁等琐事上面，这怎能不使她感到委屈呢？她有一种上当受骗的感觉，更有一种对不起自己的感觉。

几年后，当张芳看到电视上打出的演职员名单时，竟然发现以前和她一起进制片厂的同事，现在有的已经成为小有名气的导演，有的已经成为制作人。此时，她的心中颇有点儿不是滋味。

张芳并未看到平凡岗位上的不平凡意义，所以她的辞职行动，其实是自己关闭了自己在影视界闯出一番事业的大门。

　　俗话说："心急吃不了热豆腐。"谁都明白饭要一口一口地吃，任何人都不可能一口吃成个大胖子。对于事业来说，也要一步一步去做，才能成功。然而，现在的年轻人大都心浮气躁，喜欢"一步到位"，结果却是一事无成。

　　就读于某名牌大学新闻系的何伟，在校时就已有多篇文章问世，有的文章丕在社会上引起了较大的反响。早已享有"才子"称号的他，毕业时与其他几位同学一起被分配到了某报社。

　　何伟想当然地认为自己一定会被分到"要闻部"，不久就会成为"名记"。可是，当领导公布岗位分配的名单时，他才知道自己被分到了总编办公室。而另两位没有他出色的同学则被安排在要闻部做实习记者。这使他大失所望，心理失衡。

　　何伟开始埋怨领导"不识真金""有眼无珠""安排不当"。实际上，领导这样安排，并非不了解他，而是想让他全面了解报业的运作过程和主要环节，使他了解全局，以便更好地发挥他的作用。领导的本意是想给何伟提供锻炼、成长的机会，将来加以重用，但何伟却看不到这一点，反而心生怨言，没干多久就辞职了。这无异于自毁前程。

　　凡是实现了人生目标的过来人都知道，谁都无法"一步到位"，只有一步一个脚印地走下去，才会最终到达成功。所以，人不要把眼睛只盯住眼前，而忽视了对自己的长远规划。

人生中的每一步，对于实现成功目标来说都很重要，尤其第一份工作更是具有不可缺少的铺垫作用。对于初涉职场的年轻人来说，多积累一些经验对将来是大有益处的。

大学毕业后的前几年中，刘刚几乎每年换一份工作。他先是在办公室当文秘，一年后觉着卖保健品挺赚钱的，就应聘去一家生物制药公司去做推销员。没干多久，他就发现保健品行业不太景气，这时有位朋友拉刘刚去一家营销策划公司，月薪能开到 3000 元，他第二天就去报到上班了。在这家营销策划公司工作了一年，收入虽然较以前多了不少，但离脱贫致富的目标还有很大的距离。一次偶然的机会，他碰上一位多年不见的老同学，他开了一家小贸易公司，从广东往北京进一些热门商品，"钱"景诱人，于是刘刚又加盟了他的贸易公司。干了半年，公司的生意一天不如一天，刘刚又去了一位朋友开的广告公司。没过多久，遍街都是拉广告的业务人员了，刘刚又去报社当记者……

直到 30 岁过后，漂泊的人才安定下来。刘刚问自己："我这样能做成什么呢？每次只要薪酬多一些我就转行，忙到现在，虽赚了些小钱，生活得到了些许改善，可是却一事无成。在任何一个行业中我都没有打下坚实的根基、培养起自己的资源。反过头来看，当年曾并肩战斗过的同事，许多都在原来的领域小有成就了，我却只是改善了伙食标准而已。"

经济上的窘迫会促使人们做出急功近利的现实主义的抉择。但一个想有所成就的人一定要在心中弄清楚：自己适合做什么，哪个领域、哪个岗位才是自己的终生事业所在。

弄明白这个问题之后，我们就应该选准一行坚定不移地做下去。也许在开始的时候或某些阶段，经济上的收益并不令人满意，但只要是兴趣所在，这一行真的适合自己，就应该不为眼前的小利所动，咬牙坚持下去。做事情也许只是解决燃眉之急的一个短期行为，而干事业则是一个终生的追求。

"大事"要靠"小事"来成就

生活中的许多大事，往往就是从小事一点一滴积累而来的，只有把小事情踏踏实实地做好，才能最终成就大事。小事情也能认认真真做好的人，在大事情上肯定也能够做好，所以小事，不容忽视。小鹰对老鹰说："妈妈，我要做一件非常伟大的事情。"

"什么事？"

"飞遍全球，去探索各个角落，发现别人还没有发现的

成功三律 荷花定律 金蝉定律 竹子定律

东西。"

"这真是个十分棒的想法！不过在这之前，你必须学习和掌握各种飞行技术，那样你才能应付长途的飞行。"

从此以后，小鹰开始苦练飞行技术，专心致志，对于其他的事情一概不闻不问。

几天过后，老鹰对小鹰说："咱们一起去觅食吧！"小鹰不耐烦地说："妈妈，您去吧，我没有工夫干这种没有价值的事！"母亲吃惊地说："这是什么话？""是您让我集中精力进行训练，为什么又用这些毫无意义的小事来分我的心呢？"老鹰循循善诱地说："孩子，你认为这是一件小事，但对于长途飞行来说却是一件大事。你不会寻找食物，飞行的第一天就要挨饿，第二天就无力升空，第三天就会饿死。"

小小的寓言故事揭示了一个深刻的道理：世上无小事，许多所谓的小事其实是在为你打基础，没有打好稳固的地基，又怎能盖起坚实的大厦呢？

俗语说："一滴水，可以折射整个太阳。"许多"大事"都是由许多微不足道的"小事"组成的。日常生活亦是如此，看似烦琐、不足挂齿的事情比比皆是，如果你对生活中的这些小事轻视怠慢，敷衍了事，到最后就会因"一着不慎"而失掉整个胜局。所以，每个员工在处理小事时，应当引起重视。

士兵每天做的工作就是队列训练、战术操练、巡逻盘查、擦拭枪械等小事；饭店的服务员每天的工作就是对顾客微笑、回答顾客的提问、整理清扫房间、细心服务等小事。但是，我们如果能很好地完成这些细节，没准儿将来你就可能是军队中的将领、饭店里的总经理、公司的老总，反之你如果对此感到乏味、厌倦不已，始终提不起精神，或者因此敷衍差事，勉强应付，将一切都推到"英雄无用武之地"的借口上，那么你现在的位置也会岌岌可危，在小事上都不能胜任，何谈在大事上"大显身手"呢？没有做好"小事"的态度和能力，做好"大事"只会成为"无本之木，无源之水"，根本成不了气候。可以这样说，平时的每一件"小事"其实就是一个房子的地基，如果没有这些材料，想象中的美丽的房子只会是"空中楼阁"，根本无法变为"实物"。在职场中每一件小事的积累，就是今后事业稳固上升的基础。

美国标准石油公司的第二任董事长阿基勃特，在他还是一个小职员时就特别注意对待小事的态度，这为他以后的发展起到了积极推动的作用。

阿基勃特在做小职员时，每当出差住旅馆时，总是在自己签名的下面附带着写上"每桶4美元的标准石油"字样，在平时给客户的书信及收据上也从不例外，签了名，就一定不忘写上那几个字。他因为此事被同事笑称为"每桶4美元"，而他的真名反倒没有多少人叫了。

当时任公司董事长的洛克菲勒知道了这件事，高兴地说："竟然有职员如此努力宣扬公司的声誉，我要见见他。"于是特意邀请阿基勃特共进晚餐。后来，洛克菲勒卸任，阿基勃特继任董事长一职，成了第二任董事长。

在签名的时候，顺便署上"每桶4美元的标准石油"字样，这在常人眼中，完全是小事一桩，并且这种小事还不在阿基勃特的工作范围之内。但是，阿基勃特却自觉地做了，并且将这种小事做到了极致。那些嘲笑、鄙夷他的人里，肯定有不少才华、能力、资历都在他之上的人，可是到最后，只有他成了董事长。看看我们的周围，是不是也有许多默默无闻的小人物，对自己的工作兢兢业业，突然之间得到升迁，才华得以施展，到那个时候，你就知道其中的"玄机"了。他们时时刻刻对"小事"的重视和用心，会在日积月累的过程中得以彰显，同时也会得到尽可能多的回报。所以从此刻起，做好"小事"，你的明天一定会很美。

还有一种情况，许多人都因为事小而不屑去做，对待事情常常漫不经心，抱有严重的轻视态度。有一则故事就说明了做与不做之间的巨大差别，也使善于做"小事"可以成就"大事"这个观点更具说服力。

　　成功并不是一天两天就能达成的。任何事情都需要从小处着手，只有小的事情做好了，做得完美了，基础才能坚实，那么成功才能更加容易达成。没有人可以一步登天，但是只要向着目标，一步一步，一天一天，不断地进行，不断地积累，就最终能获得成功。不要认为自己的步伐太小，根本无足轻重，只要每一步都踏得稳，踏得坚实，那么就是完美的一步。

专心，是为了无懈可击

专注于一，才能做到极致

勒韦是美国的著名医师及药理学家，1936 年荣获诺贝尔生理学及医学奖。

勒韦 1873 年出生于德国法兰克福的一个犹太人家庭。他从小喜欢艺术，绘画和音乐都有一定的造诣。但他的父母是犹太人，对犹太人受到的各种歧视和迫害心有余悸，不断叮嘱儿子不要学习和从事那些涉足意识形态的领域，要他专攻一门科学技术。他的父母认为，学好数理化可以走遍天下。

在父母的教育下，勒韦在选择大学和专业时，放弃了自己原来的爱好和专长，进入斯特拉斯堡大学医学院学习。

勒韦是一位勤奋志坚的学生，他不怕从头学起，他相信专注于一必定会成功。心态是行动的推进器，带着这一心态，他很快进入了角色，专心致志于医学课程的学习。他被导师的学识和专心钻研的精神所吸引。这位导师叫淄宁教授，是著名的内科医生。勒韦在这位教授的指导下，学业进展得很快，并深深体会到医学也大有施展才华的天地。

勒韦从医学院毕业后，先后在欧洲及美国的一些大学从事医学专业研究，在药理学方面取得较大进展。由于他在学术上的成就，奥地利的格拉茨大学于 1921 年聘请他当教授，专门从事教学和研究。在那里他开始了神经学的研究，通过青蛙迷走神经的试验，第一次证明了某些神经合成的化学物质可将刺激从一个神经细胞传至另一个细胞，又可将刺激从神经元传到应答器官。他把这种化学物质称为乙醚胆碱。1929 年他又从动物组织中分离出该物质。勒韦对化学实验的研究成果是前人未有的突破，对药理研究及医学做出了重大贡献。因此，1936 年他与戴尔获得了诺贝尔生理学及医学奖。

勒韦是犹太人，尽管他是杰出的教授和医学家，但也如其他犹太人一样，在德国遭受了纳粹的迫害，当局把他逮捕，并没收他的全部财产，取消其德国籍。后来，他逃脱了纳粹的监视，辗转到了美国，并加入了美国籍，受聘于纽约大学医学院，开始了对糖尿病、肾上腺素的专门研究。勒韦对每一项新的研究都能专注于一，不久，他的每一个项目都获得新的突破，特别是设计出检测胰脏疾病的勒韦氏检验法，对人类医学又做出了巨大贡献。

专注于眼前，别胡思乱想

成功的第一要素是：能够将你身体与心智的能量锲而不舍地运用在同一个问题上而不会厌倦的能力。做好自己的本职工作，然后才能考虑其他的。

有一天，成功学家拿破仑·希尔问有名的马戏表演者冈瑟·格贝尔·威廉斯给了子承父业的儿子什么建议，他回答："我告诉他要在场。"

拿破仑·希尔当时不能确定他的意思是什么，也许是一个父亲告诉儿子一定要出场表演，就像他自己曾经连续表演一万场一样，但其实冈瑟·格贝尔·威廉斯另有用意。这位世界知名的驯兽师解释："当他在马戏场中与狮子、老虎、豹在一起时，他绝对不能心不在焉，他的心一定要在马戏场里。"诚然，当你在马戏场中，身边环绕着危险的动物时，心不在焉是多么危险的事啊！事实上，心不在焉对任何事业都有可能造成损害。

罗斯福说过："我从来不去想做一件事情会带来什么样的好处。我的人生原则就是，专注于做好手边的工作，其他的一概不想。"专注于眼前的事情，比胡思乱想尚未发生的事要重要得多。与"身在福中不知福"的道理一样，很多人不珍惜自身所拥有的，而叹息自己怀才不遇，其实我们只要认真把自己的本职工作做好，或者是比别人要求我们的做得更多一点儿，将会发现世界在我们面前豁然开朗。

《成功》杂志庆祝创刊 100 周年时，编辑们节录了一些早期杂志中的优秀文章，其中最令人印象深刻的是一篇摘录文章。作者西奥多·瑞瑟在爱迪生的实验室外面等待 3 个星期之后，才访问到这位著名的发明家。以下就是访谈的部分内容：

瑞瑟："就你的经历，你认为成功的第一要素是什么？"

爱迪生："能够将你身体与心智的能量锲而不舍地运用在同一个问题上而不会厌倦的能力……你整天都在做事，不是吗？每个人都是。假如你早上 7 点起床，晚上 11 点睡觉，你做事就做了整整 16 个小时。对大多数人而言，他们肯定是一直在做一些事，唯一的问题是，他们做很多很多事，而我只做一件。假如你们将这些时间运用在一个方向、一个目标上，你们就会成功。"

广告大师罗瑟·瑞夫特就是认识到了这一点，才开创了一片天地。

罗瑟·瑞夫特在刚开始做文案的时候，薪水特别低。罗瑟生活十分困顿，叫苦连天，于是想换份工作。朋友听说后告诫他："你现在的公司虽然小，但是很有发展潜力。如果你现在去找新的工作，你有什么出色的作品来作为筹码呢？你不如做好现在的工作，别想太多，做出几份出色的文案来，到那时，不是你找工作，而是工作找你了。"罗瑟听完后，打消了辞职的念头，潜心钻研，终于成为一代广告大师。

你想得到什么样的发展机会，就先要看看你现在是什么人。机会并不是什么神秘莫测的事情，你应当想象到将来的发展，从生活中发现机会，把握机会，从而改变自己的命运。

所以，不要做一个浮想联翩的梦想者。要知道如何踏实前进，从你现在的地位，向着你想要达到的目标前进。如果你对自己的目标幻想得太过度，而忘却了自己的实情，就会有一种错觉，觉得自己离目标已经很近。这很容易造成自满情绪，而忘却眼前的工作。

波士顿大学商科的教务长罗尔德对于毕业生曾经有这样的告诫："人们每每容易有一种危险——那就是分心于其他的问题，而把目前的习题疏忽了。年轻人有许多失败，就是因为把目前的职务看得太容易简单，以为不值得他用全部的精力去干。"

你当然应该有更高的追求，但你必须有一种切实的计划，依着计划由现在的地位前进以实现目标。重要的问题是：你现在做的事，是不是在帮助你取得更好的机会。

一定要记住：别管你的人生目标有多高，不要做一个空泛的梦想者。立足眼前，先把眼前的事情做好，这样才能谋求人生的最大发展。

老板都喜欢专心致志的人

美国一家公司招聘员工很注重考察应聘者的专心程度，面试的最后一关通常由总裁亲自考核。

哈里斯现在是这家公司的经理，据他回忆说："那是我一生中最重要的一个转折点，一个人如果没有专注工作的精神，

成功三律 荷花定律 金蝉定律 竹子定律

那么他就无法抓住成功的机会。"

面试那天，哈里斯见到了公司总裁，他交给哈里斯一篇文章，说："请你把这篇文章一字不漏地读一遍，最好能一刻不停地读完。"说完，总裁就走出了办公室。哈里斯想："读一遍文章？这很简单。"他准备了一下，然后认真地读起来。刚读了几句，一位美丽的金发女郎走了进来，"先生，休息一会儿吧，请用茶。"她把茶杯放在茶几上，冲着哈里斯微笑着说。哈里斯并没有看这位美女，也没有说话，他还在认真地读。

又过了一会儿，一只可爱的小猫伏在了他的脚边，用舌头舔他的脚踝，但他只是本能地移动了一下脚，并没有因此停止阅读。

那位漂亮的金发女郎又翩然而至，要他帮她抱起小猫。哈里斯依旧认真地读着，仿佛并没有听见金发女郎在和他说话。

终于读完了，哈里斯松了一口气。这时总裁走进来问："你注意到那位美丽的小姐和她的小猫了吗？""没有，先生。"

总裁接着说道："那位金发女郎是我的秘书，她和你交流了几次，你都没有回答她。"

　　哈里斯很认真地说："你要我一刻不停地读完那篇文章，我只想着如何集中精力去读好它，这是考试，事关我的前途，我必须专心，不能分心，所以我没有去注意其他事。"

　　总裁听了，满意地点了点头，笑道："小伙子，你表现不错，被录取了！在你之前，已经有 50 人参加了面试，但一个都不合格。"他补充说道："在纽约，有很多像你这样的专业人才，但像你这样专注工作的人太少了！你会很有前途的。"

　　正如总裁所料，哈里斯在以后的工作上始终保持着专注的态度和饱满的热情，再加上业务能力突出，很快就被总裁提拔为经理。

　　一个人如果不能专注于自己的工作，是很难把工作做好的。在当今社会，没有哪家企业、哪个老板会喜欢做事三心二意、三天打鱼两天晒网的员工。从这种意义上说，工作专心致志的人，就是能把握成功机遇的人，只有一心一意做事的人，才能受到老板的器重与提拔。

把精力放在一件事上

一个人要想学有所成，或在事业上有所突破和贡献，尽管你有着较强的智力和体力，但这也不是十足的保证，你还得有一种非干成这件事的态度才行。

目标可以吸引我们的注意，引导我们努力的方向，至于最终是成功还是失败，就全看我们是否能始终走在正确的方向上了。

有一次，一位青年苦恼地对昆虫学家法布尔说："我不知疲劳地把自己的全部精力都花在我爱好的事业上，结果却收效甚微。"法布尔赞许地说："看来你是一位献身科学的有志青年。"这位青年说："是啊！我爱科学，可我也爱文学，对音乐和美术我也感兴趣。我把时间全都用上了。"法布尔从口袋里掏出一个放大镜说："把你的精力集中到一个焦点上试试，就像这块凸透镜一样！"

法布尔本人正是这样做的。他为了观察昆虫的习性，常常到了废寝忘食的地步。有一天，他一大清早就伏在一块石头旁。几个村妇早晨去摘葡萄时看见法布尔，到黄昏收工时，她们仍然看到他伏在那儿，她们实在不明白："他花了一天工夫，怎么就只看着一块石头，简直像中了邪似的！"其实，为了观察昆虫的习性，法布尔不知花去了多少个日日夜夜。

与法布尔一样，法国的著名植物学家拉马克小时候，他父亲希望他长大后当个牧师，送他到神学院读书，后来由于德法战争爆发，拉马克当了兵，他因病退伍后，爱上了气象学，想自学当个气象学家，也整天仰头望着多变的天空。后来，拉马克在银行里找到了工作，就想当个金融家。很快，拉马克又爱上了音乐，整天拉小提琴，想成为一个音乐家。这时，他的一位哥哥劝他当医生，拉马克于是学医4年，可是对医学没有多大的兴趣。正在这时，24岁的拉马克在植物园散步时遇上了法国著名的思想家、哲学家、文学家卢梭，卢梭很喜欢拉马克，常带他到自己的研究室里去。在那里，这位"朝三暮四"的青年深深地被科学迷住了。从此，拉马克花了整整11年的时间，系统地研究了植物学，写出了名著《法国植物志》。拉马克35岁时，当上了法国植物标本馆的管理员，又花了15年，研究植物学。当拉马克50岁的时候，开始研究动物学。此后，他为动物学又花费了35年的时间。也就是说，拉马克从24岁起，用26年时间研究植物学，用35年时间研究动物学，成了一位著名的博物学家。他最早提出了生物进化论。

古往今来，凡是有成就的人，都像拉马克后来一样，把精力用在一个目标上，专心致志，集中突破，这是他们成功的最大秘诀。

曾经有人问牛顿怎样发现的"万有引力定律"，他回答说："我一直在想着这件事。"卡莱尔说："最弱的人，集中其精力于单一的目标，也能有所成就；反之，最强的人，分心于太多事务，可能一无所成。"

历史上不少人被埋没，除了社会原因之外，没有找到他们为之献身的具体事业目标，东一榔头、西一棒子，今日种瓜、明日种豆，不能不说是一个重要原因。成功者们始终将目光集中在他们的目标上，他们常常在向目标奋进的过程中运用想象提醒自己目标所在。

美国钢铁大王安德鲁·卡耐基在一次对美国柯里商业学院毕业生的讲话中指出："获得成功的首要条件和最大秘密，是把精力和资力完全集中于所干的事。一旦开始干那一行，就要决心干出名堂，要出类拔萃，要点点滴滴地改进，要采用最好的机器，要尽力通晓这一行。失败的企业是那些分散了资力，因而意味着分散了精力的企业。它们向这件事投资，又向那件事投资；在这里投资，又在那里投资；方方面面都有投资。结果哪一个投资都没有成效。'别把所有的鸡蛋放入一个篮子'之说是大错特错的。我告诉你们，要把所有的鸡蛋放入一个篮子，然后照管好这个篮子。"

集中注意力是一种能力，即你将思维与行动集中在某一特定目标上的能力，也是你从一开始就在思想上树立起来的一个态度。

专心能达成目标

人的精力是有限的，如果分散精力同时去做几件事情，难免会力不从心，也许结果就是每件事都没有做好。在这里，我们提出"一件事原则"，即专心地做好一件事，就能有所收益。

专心是成功者的一个值得学习的好习惯，一段时间只想、只做一件事，而不是集中于几件事，这样往往能事半功倍。也就是说，我们不能因为从事分外的工作而分散了我们的精力。

其实，当我们真正将精力都集中在某一件事情上时，我们有很大的把握能将这件事情做得尽善尽美。

在对 100 多位在其本行业获得杰出成就的男女人士的商业哲学观点进行分析之后，卡耐基发现了这个事实：他们基本上都拥有专心致志和明确果断的性格特征。

做事有明确的目标，不仅会帮助你培养出能够迅速做出决定的习惯，还会帮助你把全部的注意力都集中在某一件事情上，直到这件事情圆满解决。

最成功的商人都是能够迅速而果断做出决定的人，他们总是首先确定一个明确的目标，并集中精力，朝着这个目标坚定不移地前行。

伍尔沃斯的目标是要在全国各地设立一连串的"廉价连锁商店"，于是他把全部精力花在这项工作上，最后他得偿所愿，成功创建了澳大利亚第一家用全球位置码标识仓库和分销中心的零售连锁店。

林肯致力于解放黑奴的事业，并因此使自己成为美国最伟大的总统。

李斯特一心梦想成为律师，自从有了这个梦想后，他就将所有精力都花费在这个目标上，结果成为美国最成功的律师之一。

伊斯特曼致力于生产柯达相机，这为他赚了数不清的金钱，也为全球数百万人带来无比的乐趣。

海伦·凯勒是不幸的，出生没多久，就变得又聋、又哑、又盲，但她没有放弃人生，十几年如一日地专注于学习说话，终于战胜了厄运，发出了世间最美的声音。

可以看出，所有成大事者，都把某种明确而特殊的目标当作他们努力的主要推动力。

专心就是把意识集中在某一个特定欲望上的行为，并要一直集中到已经找出实现这项欲望的方法，而且成大事者将之付诸实际行动为二。

"专心"行为的主要因素就是自信心和欲望。没有这两个因素，专心的巨大力量将变得薄弱。为什么只有少数人能够拥有这种神奇的力量，其主要原因是大多数人缺乏自信心，而且没有什么特别的欲望。

我们可以有欲望，或者说强大的野心，当我们心中的欲望足够强烈时，我们就能看到"专心"的力量，"专心"这种力量将会助你成功。

假设你准备成为一个成功的作家，或是一位杰出的发明家，或是一位成大事的商界精英，或是一位受人敬仰的科学家，那么，你最好将这件事时刻放在心上，每天都花费几分钟来想一想这件事，以决定应该如何进行才有可能把它变成事实。

当你专心去想这件事时，你要想得长远一些，想象几年以后，你已经成为这个时代最有影响力的作家，假设你拥有相当不错的收入，假设你利用写作的报酬购买了自己的房子……只有真正想到这些，你才能心生动力，专心致志地去努力实现这个梦想。

一次只专心做一件事，全身心地投入并希望它成功，这样你的心里就不会感到筋疲力尽。不要让你的思维转到其他事情、其他需求和其他想法上去。只要确定了目标，就要专心想这一件事，切勿三心二意。

可以看出，专心的力量是多么不可思议！在激烈的社会竞争中，如果你能对一个目标集中注意力，那么你就能在某一领域获得骄人的成绩。